教育部全国职业教育与成人教育行业**规划教**

"十二五"全国高校动漫游戏专业骨干课程教

Photoshop & Illustrator
平面设计基础与实训

主　编：杨浩婕

副主编：陈爱玲　邹佰晶　崔　淼　刘　石　庄美男

海洋出版社

2012年·北京

内 容 简 介

平面设计是设计类、动漫类等多个专业教学的基础课，掌握平面设计的基本规律，熟练应用主流设计软件已成为当前各类设计人员的基本素质要求。

本书收录了大量平面设计典型案例，内容涉及插图插画、企业标志、产品包装、广告招贴、书籍封面、宣传手册、建筑后期、网页互动等多个设计领域。分别对项目的实施过程进行了详细的分析和讲解，让学生熟练掌握平面设计实际项目全过程中构思、设计、实施、运行各个环节的执行方式。这些实际项目没有局限于设计软件工具的使用，而是着重于提高学生在实际工作中解决问题的能力。从项目的前期调研、综合分析、设计草图、颜色设定入手，带领学生完成整个项目制作的过程，最后总结项目制作要点并开展拓展练习。本书中很多项目是将 Photoshop 和 Illustrator 两个软件结合起来进行制作，这样不仅可以使学生学习到两个软件各自的功能，发挥各自长处，而且可以尽快掌握搭配使用，提高工作效率创作出更完美的作品。

本书适合高等院校平面设计基础课程教学，也可做为设计爱好者的自学教材。

图书在版编目(CIP)数据

Photoshop & Illustrator 平面设计基础与实训/杨浩婕主编. —北京：海洋出版社，2012.2
ISBN 978-7-5027-8176-7

Ⅰ.①P… Ⅱ.①杨… Ⅲ.①图象处理软件，Photoshop、Illustrator Ⅳ.①TP391.41

中国版本图书馆 CIP 数据核字（2011）第 269740 号

书　　　名：Photoshop & Illustrator 平面设计基础与实训	发 行 部：(010) 62174379（传真）(010) 62132549
主　　　编：杨浩婕	(010) 68038093（邮购）(010) 62100077
副 主 编：陈爱玲　邹佰晶　崔淼　刘石　庄美男	网　　　址：www.oceanpress.com.cn
责 任 编 辑：赵　武	承　　　印：北京盛兰兄弟印刷装订有限公司
责 任 校 对：肖新民	版　　　次：2012 年 2 月第 1 版
责 任 印 制：刘志恒	2012 年 2 月第 1 次印刷
排　　　版：海洋计算机图书输出中心　晓阳	开　　　本：787mm×1092mm　1/16
出 版 发 行：海洋出版社	印　　　张：13.75　（彩色 9.5 印张）
地　　　址：北京市海淀区大慧寺路 8 号（716 室）	字　　　数：320 千字
100081	印　　　数：1～4000 册
技 术 支 持：(010) 62100052	定　　　价：45.00 元（含 1DVD）

本书如有印、装质量问题可与发行部调换

前　言

　　本书由具有多年一线教学经验的教师团队编写，书中内容是团队成员对多年从业经验和教学经验的总结。本书对十几个高质量实际项目的实施过程进行了详细的分析和讲解，旨在让学生熟练掌握平面设计实际项目全过程中构思、设计、实施和运行四部分的执行方式。这些实际项目没有局限于设计软件工具的使用，而是着重于提高学生在实际工作中解决问题的能力。从项目的前期调研、综合分析、设计草图和颜色设定入手，带领学生完成整个项目的制作过程，最后总结项目制作要点并开展拓展练习。本书中很多项目是将 Photoshop 和 Illustrator 两个软件结合起来进行制作，这样不仅可以使学生学习到两个软件各自的功能，发挥软件各自的长处，而且可以尽快掌握如何搭配使用，提高工作效率并创作出更完美的作品。

　　在实例的讲解上，本书采用了统一的结构，每个实例都包括"项目构思"、"项目设计"、"项目实施"、"拓展练习" 4 个部分。

　　"项目构思"讲解了项目的设计目的和寓意表达，包括项目前期调研和项目的分析；

　　"项目设计"讲解了设计思路、项目草图设计、颜色设定和项目设计流程；

　　"项目实施"讲述了项目的具体实现方案和制作操作步骤生成及运用功能；

　　"实训要点"总结项目制作过程中涉及到的软件操作知识点；

　　"拓展练习"针对所学知识设计相关项目，意在对所学知识的巩固及锻炼学生综合应用能力。

　　本书第 2 章由崔淼、陈爱玲老师编写，第 3 章由邹佰晶老师编写，第 4 章由刘石老师编写，第 8 章由庄美男老师编写。

　　其他内容包括：配套光盘中附所有实际项目的源文件、素材文件、拓展训练文件、特效笔刷文件。

　　由于作者水平有限，缺点和错误在所难免，恳请各位读者谅解，并及时提出宝贵意见和建议，我们将不胜感激。本书部分图片素材来自于网络，在这里对提供素材的作者一并表示感谢。

杨浩婕

于大连东软信息学院

目 录

第1章

Photoshop & Illustrator 快速入门

1.1 Photoshop & Illustrator 基础知识

1.1.1 像素与分辨率

像素：构成位图图像的最小单位。每一个像素具有该位置和颜色信息，位图中的每一个小色块就是一个像素。

分辨率：单位面积内像素的数量。

分辨率分为图像分辨率（ppi）、打印分辨率（dpi）和印刷分辨率（lpi）。图像分辨率与图像大小相关，对于相同的图片，分辨率越高则图像越大，反之就越小。打印分辨率表示在打印时每英寸有多少点像素，只有在打印时才涉及到。印刷分辨率指每英寸有多少行。

1.1.2 图像尺寸

（1）图像文件的大小以 KB 和 MB 为单位。

（2）图像文件的大小是由文件的尺寸（宽度、高度）和分辨率决定的。图像文件的宽度、高度和分辨率越大，图像也就越大。

（3）当图像文件大小是定值时，其宽度、高度与分辨率成反比。

（4）在改变位图图像的大小时应该注意：当图像由大变小，其印刷质量不会降低；但当图像由小变大时，其印刷品质将会下降。

1.1.3 矢量图和位图

计算机所处理的图像从描述原理上可分为两类——矢量图和位图。

矢量图：又称向量图形，是由线条和节点组成的图像。无论放大多少倍，图形仍能保持原来的清晰度，无马赛克现象且色彩不失真。

位图：又称点阵图像，是由很多个像素（色块）组成的图像。位图的每个像素点都含有位置和颜色信息。我们现在使用 Photoshop 处理出来的图片就是位图。

矢量图和位图的区别在于，图片放大后变得粗糙且有马赛克出现的就是位图，反之是矢量图。

1.1.4 常用颜色模式

RGB 模式：该模式下图像由红（R）、绿（G）、蓝（B）3 种基色按 0～255 的亮度值混合构成，大多数显示器均采用此种颜色模式。三种基色亮度值相等时即可产生灰色；亮度值都为 255 时，产生纯白色；亮度值都为 0 时，产生纯黑色。

CMYK 模式： 该模式下图像是由青（C）、洋红（M）、黄（Y）、黑（K）4 种颜色构成，主要用于彩色印刷。在制作印刷用文件时，最好保存成 TIFF 格式或 EPS 格式，这些都是印刷上支持的文件格式。

Lab 模式： 该模式是 Photoshop 的标准色彩模式，也是不同颜色模式之间转换时使用的中间模式。它的特点是在不同的显示器或打印设备上，所显示的颜色都是相同的。

灰度模式： 该模式下图像由具有 256 级灰度的黑白颜色构成。一幅灰度图像在转变成 CMYK 模式后可以增加色彩；如果将 CMYK 模式的彩色图像转变为灰度模式，则颜色不能恢复。

位图模式： 该模式下图像由黑白两色组成，图形不能使用编辑工具。只有灰度模式才能转变成位图模式。

索引模式： 该模式又叫图像映射色彩模式，这种模式的像素只有 8 位，即图像只有 256 种颜色，是网上和动画中常用的图像模式。

双色调模式： 采用 2 ~ 4 种彩色油墨混合其色阶来创建双色调（两种颜色）、三色调（三种颜色）、四色调（四种颜色），主要用于减少印刷成本。

多通道模式： 若图像只用了 1 ~ 3 种颜色时，使用该模式可减少印刷成本并保证图像颜色的正确输出。

1.1.5　常用文件格式

PSD 和 PDD 格式： 是 Photoshop 软件的专用文件格式，能保存图层、通道、路径等信息，便于以后修改。缺点是保存文件较大。

BMP 格式： 是微软公司绘图软件的专用格式，是 Photoshop 最常用的位图格式之一，支持 RGB、索引、灰度和位图等颜色模式，但不支持 Alpha 通道。

Photoshop EPS 格式（*.EPS）： 是最广泛地被向量绘图软件和排版软件所接受的格式。可保存路径，并在各软件间进行相互转换。若用户要将图像置入 CorelDRAW、Illustrator、PageMaker 等软件中，可将图像存储成 Photoshop EPS 格式。它不支持 Alpha 通道。

JPEG 格式（*.JPG）： 一种压缩效率很高的存储格式，是一种有损压缩格式。支持 CMYK、RGB 和灰度等颜色模式，但不支持 Alpha 通道。JPEG 格式是目前网络可以支持的图像文件格式之一。

TIFF 格式（*.TIF）： 是为 Macintosh 开发的最常用的图像文件格式。它既能用于 MAC，又能用于 PC，是一种灵活的位图图像格式。TIFF 在 Photoshop 中可支持 24 个通道，是除了 Photoshop 自身格式外唯一能存储多个通道的格式。它是基于桌面出版的采用无损压缩格式。

AI 格式： 是 Illustrator 的源文件格式。在 Photoshop 软件中可以将保存了路径的图像文件输出为 AI 格式，然后在 Illustrator 和 CorelDRAW 软件中直接打开它并进行修改处理。

GIF 格式： 是由 CompuServe 公司制定的，只能处理 256 种色彩；常用于网络传输，其传输速度比传输其他格式的文件快很多，并且可以将多张图像存成一个文件而形成动画效果。

PDF 格式：是 Adobe 公司推出的专为电子出版而制定的，Acrobat 的源文件格式。不支持 Alpha 通道。在存储前，必须将图片的模式转换为位图、灰度、索引等颜色模式，否则无法存储。

PNG 格式：是 Netscape 公司针对网络图像开发的文件格式。这种格式可以使用无损压缩方式压缩图像文件，并利用 Alpha 通道制作透明背景，是功能非常强大的网络文件格式，但较早版本的 WEB 浏览器可能不支持。

1.2　Photoshop快速入门

Photoshop 是 Adobe 公司旗下最为著名的图像处理软件之一。它应用领域很广泛，在图像、图形、文字、视频、出版各方面都有涉及。

平面设计

平面设计是 Photoshop 应用最为广泛的领域，无论是图书封面，还是招帖、海报，这些具有丰富图像的平面印刷品基本上都需要 Photoshop 软件对图像进行处理。

修复照片

Photoshop 具有强大的图像修饰功能。利用这些功能，可以快速修复一张破损的老照片，也可以修复人脸上的斑点等缺陷。

广告摄影

广告摄影作为一种对视觉要求非常严格的工作，其最终成品往往要经过 Photoshop 的修改才能得到满意的效果。

影像创意

影像创意是 Photoshop 的特长，通过 Photoshop 的处理可以将原本风马牛不相及的对象组合在一起，也可以使用移花接木的手段使图像发生巨大变化。

艺术文字

使用 Photoshop 可以使文字发生各种各样的变化，并利用这些艺术化处理后的文字为图像增加效果。

网页制作

网络的普及是促使更多人掌握 Photoshop 的一个重要原因，因为在制作网页时 Photoshop 是必不可少的网页图像处理软件。

建筑效果图后期修饰

在制作建筑效果图（包括许多三维场景）时，人物与配景（包括场景的颜色）常常需要在 Photoshop 中增加并调整。

绘画

由于 Photoshop 具有良好的绘画与调色功能，许多插画设计制作者往往使用铅笔绘制草稿，然后用 Photoshop 填色的方法来绘制插画。除此之外，近些年来非常流行的像素画也多是设计师使用 Photoshop 创作的作品。

绘制或处理三维贴图

在三维软件中，能够制作出精良的模型，而如果无法为模型应用逼真的贴图，也无法得到较好的渲染效果。实际上在制作材质时，除了要依靠软件本身具有的材质功

能外，利用 Photoshop 制作在三维软件中无法得到的合适的材质也非常重要。

婚纱照片设计

当前越来越多的婚纱影楼开始使用数码相机，这也使得婚纱照片设计的处理成为一个新兴的行业。

视觉创意

视觉创意与设计是设计艺术的一个分支，此类设计通常没有非常明显的商业目的，但由于它为广大设计爱好者提供了广阔的设计空间，因此越来越多的设计爱好者开始学习 Photoshop，并进行具有个人特色与风格的视觉创意。

图标制作

虽然使用 Photoshop 制作图标会感觉有些大材小用，但使用此软件制作的图标非常精美。

界面设计

界面设计是一个新兴的领域，已经受到越来越多的软件企业及开发者的重视，虽然暂时还未成为一种全新的职业，但相信不久一定会出现专业的界面设计师这一职业。在当前还没有用于做界面设计的专业软件，因此绝大多数设计者使用的都是 Photoshop。

上述列出了 Photoshop 应用的 13 大领域，但实际上其应用不止上述这些。例如，目前的影视后期制作及二维动画制作中，Photoshop 也有所应用。

1.2.1　Photoshop基本工作环境概览

启动软件后，就进入 Photoshop CS4 的工作界面了，由以下几部分组成，如图 1-1 所示：

菜单栏

菜单栏为整个环境下所有窗口提供菜单控制，包括：文件、编辑、图像、图层、选择、滤镜、视图、窗口和帮助 9 项。

属性栏（又称工具选项栏）

选中某个工具后，属性栏就会改变成相应工具的属性设置选项，即可更改相应的选项。

工具箱

工具箱中的工具可用来选择、绘画、编辑以及查看图像。拖动工具箱的标题栏，可移动工具箱。单击可选中工具，属性栏会显示该工具的属性。有些工具的右下角有一个小三角形符号，这表示在工具位置上存在一个工具组，其中包括若干个相关工具。

图像编辑窗口

中间窗口是图像窗口，它是 Photoshop 的主要工作区，用于显示图像文件。图像窗口带有自己的标题栏，提供了打开文件的基本信息，如文件名、缩放比例、颜色模式等。如果同时打开两幅图像，可通过单击图像窗口进行切换。

状态栏

主窗口底部是状态栏，由三部分组成：

（1）最右边的是文本行，说明当前所选工具和所进行操作的功能与作用等信息。

（2）左边是缩放栏，显示当前图像窗口的显示比例，用户也可在此窗口中输入数值后按回车来改变显示比例。

（3）中间是预览框，单击右边的黑色三角按扭，打开弹出菜单，选择任一命令，相应的信息就会在预览框中显示。

浮动面板

共有 14 个面板，可通过"窗口 / 显示"来显示面板，按 Tab 键，自动隐藏命令面板属性栏和工具箱，再次按键，显示以上组件。

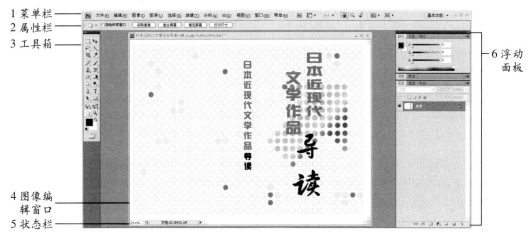

图 1-1　Photoshop CS4 工作界面

1.2.2　Photoshop 工具的基本操作

Photoshop CS4 工具箱主要包括选取工具组、绘图工具组、图像修饰工具组、矢量和文字工具组、裁切和切片工具组及辅助工具组，如图 1-2 所示。

图 1-2　Photoshop CS4 工具箱

1. 选取工具

选取工具包含选框工具组、套索工具组和魔棒工具组 3 大类。

选框工具组

图 1-3　选框工具组

包括矩形选框工具、椭圆选框工具、单行选框工具和单列选框工具，如图 1-3 所示。它们的使用方法相同，只是建立选区的几何形状不一样。在创建选区时在拖拽鼠标的同时按下 Shift 键可以做出正方或正圆形，再配合 Alt 键可以从中心创建选区。

矩形选框工具：可以用鼠标在图层上拖出矩形选框。

椭圆选框工具：可以用鼠标在图层上拖出椭圆形选框。

单行选框工具和单列选框工具：在图层上拖出一个像素高的选框。

创建选区时，工具选项栏显示如图 1-4 所示，其中各选项含义如下。

图 1-4　选框工具选项栏

羽化：可以消除选择区域的正常硬边界，对其柔化，使区域边界产生一个过渡段，其取值范围在 0 到 255 像素之间。

选择方式有 4 种，这四种选择方式的意义依次如下：

新选区：去掉旧的选择区域，选择新的区域。

添加到选区：在旧的选择区域的基础上，增加新的选择区域，形成最终的选择区。

从选区减去：在旧的选择区域中，减去新的选择区域与旧的选择区域相交的部分，形成最终的选择区。

与选区交叉：新的选择区域与旧的选择区域相交的部分为最终的选择区域。

样式：用来规定拉出选框的形状。样式的下拉菜单中有如下 3 个选项。

正常：这是默认的选择方式，也最为常用。在这种方式下，可以用鼠标拉出任意矩形。

约束长宽比：在这种方式下可以任意设定矩形的宽高比，只需在其框中输入相应的数字，系统默认值为 1：1。

固定大小：在这种方式下可以通过输入宽和高的数值，来精确确定矩形的大小。系统默认为 64×64 像素。

套索工具组

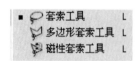

图 1-5　套索工具组

包含自由套索工具、多边形套索工具和磁性套索工具，如图 1-5 所示。

套索工具：用于选择不规则图形。按住鼠标进行拖拽，随着鼠标的移动可形成任意形状的选择范围，松开鼠标后就会自动形成封闭浮动选区。

多边形套索工具：锚点之间为直线，用于选取多边形。将鼠标移到图像点处单击，然后再单击每一落点来确定每一条直线。当回到起点时，所示光标下会出现一个小圆圈，表示选择区域已封闭，再单击鼠标即完成此操作。

磁性套索工具：是一种具有可识别边缘的套索工具。在拖拽鼠标的过程中自动捕捉物体的边缘以形成选区。选中工具箱中的磁性套索工具，会弹出其工具选项栏，如图 1-6 所示，其中各选项含义如下。

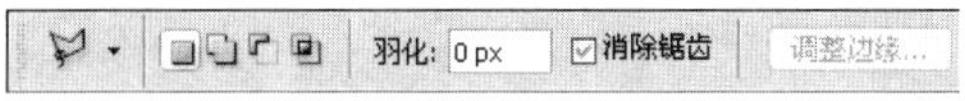

图 1-6　套索工具选项栏

羽化和样式同选框工具用法相同。

消除锯齿：该选项是用于保证选区边缘平滑。

宽度：用来定义磁性套索工具检索的距离范围，数字范围是 1 像素～40 像素，数字越大，寻找的范围越大，可能会导致边缘不准确。

对比度：用来定义磁性套索工具对边缘的敏感程度，数字范围是 1%～100%，如输入小的数字，可检索到对比度的边缘。

频率：用来控制磁性套索工具生成固定点的多少。频率越高越能更快地固定选择边缘。

魔棒工具组

魔棒工具组由快速选择工具和魔棒工具组成。两个工具的使用方法都是以图像中相近的色素来建立选取范围的，此工具可以用来选择颜色相同或相近的整片色块。选中魔棒工具，会弹出其工具选项栏，如图 1-7 所示，其中各选项含义如下。

图 1-7　魔棒工具选项栏

容差：数值越小，选取的颜色范围越接近；数值越大，选取的颜色范围越大。选项中可输入 0～255 之间的数值，系统默认为 32。

连续：如果不选中该项，则得到的选区是整个图层中色彩符合条件的所有区域，这些区域并不一定是连续的。

对所有图层取样：如果被选中，则色彩选取范围内所有可见图层。如不选，魔棒只能在当前图层起作用。

2. 绘图工具

绘图工具包含画笔工具、铅笔工具、历史记录画笔工具、渐变工具和油漆桶工具。

画笔工具：选中工具箱中的画笔工具，会弹出其工具选项栏，如图 1-8 所示，其中各选项含义如下。

图 1-8　画笔工具选项栏

画笔：此项用来确定画笔的大小和形状，在其下拉菜单中可以选择各式各样的笔刷效果。

流量：绘画时的压力数值越大，画笔颜色越深。

铅笔工具：使用铅笔工具可绘出硬边的线条，如果是绘制斜线则会有明显的锯齿。其功能与画笔工具相似。

油漆桶工具：为色彩相近并相连的区域填充颜色或图案。选中工具箱中的油漆桶工具，会弹出其工具选项栏，如图1-9所示，其中各选项含义如下。

图1-9　油漆桶工具选项栏

填充：可选择用前景色或用图案填充。只有选择用图案填充时，其后面的图案这一项才可选。

图案：存放着定义过的可供选择填充的图案。

模式：选择填充时的色彩混合方式。

不透明度：调整填充时的不透明度。

渐变工具：渐变工具可以创造出多种渐变效果。使用时，首先选择好渐变方式和渐变色彩，用鼠标在图像上单击起点拖拉，再单击选中终点，这样一个渐变就完成了。选中工具箱中的渐变工具，会弹出工具选项栏，如图1-10所示，其中各选项含义如下。

图1-10　渐变工具选项栏

渐变颜色：选择和编辑渐变的色彩，是渐变工具最重要的部分。

渐变样式：分为线性渐变、角度渐变、对称渐变、径向渐变和菱形渐变。

反向：调换渐变色的方向。

仿色：勾选此项会使渐变更平滑。

透明区域：只有勾选此项，不透明度的设定才会生效。

历史记录画笔：可以将图像编辑中的某个状态还原出来。

3. 图像修饰工具

图像修饰工具包含修复画笔工具、仿制图章工具、图案图章工具、颜色替换工具、模糊工具、锐化工具、涂抹工具、减淡工具、加深工具和海绵工具等。

仿制图章工具：一种复制图像的工具。仿制图章工具的工具选项栏中有一项与众不同的对齐功能如图1-11所示。选中此项后，不管停笔后再画多少次，每次复制都保持连续性。这种功能对于用多种画笔复制一张图像是很有用的。如果取消此选项，则每次停笔再画时，都从原先的起画点画起，此时适用于多次复制同一图像。

图1-11　仿制图章工具选项栏

把鼠标移到想要复制的图像上，按住Alt键，选中复制起点后松开Alt键。这时就可以拖动鼠标，在图像的任意位置开始复制，十字指针表示复制时的取样点。

图案图章工具：可将各种图案填充到图像中。图案图章工具的工具选项栏中只比仿制图章工具多一项图案，如图1-12所示。这里可以选择所要复制的图案，单击右侧小方块会出现图案面板，在里面储存着所定义过的图案。单击图案面板右上角的小圆圈，会出现一个下拉菜单，其用法同画笔面板的下拉菜单相近。

图 1-12　图案图章工具选项栏

污点修复画笔工具：用于快速移去图像中的污点和其他不理想的部分。使用图像或图案中的样本进行绘画，并将样本的纹理、光照、透明度和阴影与所修复的像素匹配。污点修复画笔与修复画笔不同，不需要指定样本点，污点修复画笔将会在需要修复区域外的图像周围自动取样。

在类型后面有两个选项，如图 1-13 所示，当选"近似匹配"时，自动修复的像素可以获得较平滑的修复结果；当选择"创建纹理"时，自动修复的像素将会以修复区域的纹理填充修复结果。

图 1-13　污点修复画笔工具选项栏

修复画笔工具：用于修复图像中的缺陷，并能使修复结果自然溶入周围的图像。和图案工具不同的是在复制或填充图案的时候，它会将取样点的像素信息自然溶入到复制图像的位置，并保持纹理、亮度和层次，使被修复的像素和周围的图像完美结合。

在源后面当选中取样时，用法和仿制图章工具相似，当选中图案时，用法和图案图章相似，如图 1-14 所示。

图 1-14　修复画笔工具选项栏

修补工具：可以从图像的其他区域或使用图案来修补当前选中的区域。

红眼工具：可以移去闪光灯拍摄人物照片中的红眼。红眼工具选项栏如图 1-15 所示，其中选项含义如下。

瞳孔大小：设置瞳孔（眼睛暗色的中心）的大小。

变暗量：设置瞳孔变暗的程度。

图 1-15　红眼工具选项栏

颜色替换工具：能够简化图像中特定颜色的替换。

模糊工具：一种通过笔刷使图像变模糊的工具。它的工作原理是降低像素之间的反差。

锐化工具：与模糊工具相反，它是一种使图像色彩锐化的工具，能增大像素间的反差。选中工具箱中的模糊 / 锐化工具，会弹出其工具选项栏，如图 1-16 所示，其中各选项含义如下。

强度：强度越大，工具产生的效果就越明显，如图 1-16 所示。

图 1-16　模糊 / 锐化工具选项栏

涂抹工具：使用时产生的效果好像是用干笔刷在未干的油墨上擦过，笔触周围的像素将随笔触一起移动。选中工具箱中的涂抹工具，会弹出其工具选项栏，如图 1-17 所示，其中各选项含义如下。

图 1-17　涂抹工具选项栏

强度：数值越大，手指拖出的线条就越长，反之则越短。如果强度设置为 100%，则可拖出无限长的线条来，直至松开鼠标按键。

手指绘画：每次拖拽鼠标绘制的开始就会使用工具箱中的前景色。

减淡工具、加深工具：用于改变图像的亮调与暗调。原理来源于胶片曝光显影后，经过部分暗化和亮化来改善曝光效果。

海绵工具：一种调整图像色彩饱和度的工具，可以提高或降低色彩的饱和度。

4. 橡皮擦工具 / 背景色橡皮擦工具 / 魔术橡皮擦工具

橡皮擦工具：当作用在背景层时相当于使用背景颜色的画笔；当作用于图层时擦除后变为透明。

橡皮擦工具的工具选项栏如图 1-18 所示。

图 1-18　橡皮擦工具选项栏

模式：选择擦除方式，包括画笔、铅笔和块。

背景色橡皮擦工具：一种可以擦除指定颜色的擦除工具。这个指定色叫做标本色，表示为背景色，也就是说使用它可以进行选择性的擦除。工具选项栏，如图 1-19 所示。

图 1-19　背景橡皮擦工具选项栏

限制：包括不连续的（在选定的色彩范围内可以多次重复擦除），连续的（在选定的色彩范围内只可以进行一次擦除也就是说必须在选定的标本色内连续擦除），查找边缘（找边界在擦除时保持边界的锐度）。

容差：可以通过输入数值拖动滑块进行调节，数值越低擦除的范围越接近标本色，大的容差会把其他颜色擦成半透明的。

保护前景色：保护前景色使之不会被擦除。

魔术橡皮擦工具：在图像上需要擦除的颜色范围内单击，它便会自动擦除掉颜色相近的区域。魔术橡皮擦工具的工作原理与魔棒工具相似，只需选中魔术橡皮擦工具后在图像上想擦除的颜色范围内单击，它便会自动擦除掉颜色相近的区域。

5. 文字工具

水平文字工具：添加水平文字图层。

垂直文字工具：添加垂直文字图层。

水平文字蒙版工具：添加水平文字，并将文字区域转化为蒙版或选区。

垂直文字蒙版工具：功能同水平文字蒙版工具，只不过文字是垂直排列的。

文字工具选项栏如图1-20所示。

图1-20　文字工具选项栏

其中包括了字体、字号、对齐方式、颜色和创建变形文本等。

设置消除锯齿方法：无效果、锐利、犀利、浑厚和平滑。

对齐方式：如果是水平文本，则包括居中、左对齐和右对齐。如果是垂直文本，则包括居中、顶对齐和底对齐。

颜色：文字的颜色，默认为前景色。

创建变形文本：这一项功能强大，使用方便。能够实现文本的多种变化，而且无需对文字进行栅格化。

6. 矢量图形工具

矢量图形工具包括矩形工具、圆角矩形工具、椭圆工具、多边形工具、直线工具、自定形状工具，如图1-21所示。

形状工具提供的3种不同的绘画状态，如图1-22所示。

形状图层：是带图层矢量蒙版的填充图层，填充图层是定义形状的颜色，而图层矢量蒙版是定义形状的几何轮廓。

路径：当选中此选项后在图像中拖拽鼠标就可以创建新的工作路径，在路径调板中可看到创建的路径。

填充像素：选择此选项后，使用形状工具时就可以在当前的图层中创建像素形状，形状由当前的前景色自动填充，创建的像素形状将无法作为矢量对象对其进行编辑。

矩形形状工具、圆角矩形工具、椭圆工具以及自定形状工具有相似的设定，如图1-23所示。

图1-21　矢量图形工具　　图1-22　形状工具绘画状态　　图1-23　矩形形状工具选项栏

不受约束：允许通过拖移设置矩形、圆角矩形、椭圆或自定形状的高度和宽度。

方形：将矩形或圆角矩形约束为正方形。

固定大小：可输入数据限制图形大小，宽度和高度的单位均为像素。

比例：可输入数据限制形状的比例。

从中心：选择此项后，绘制形状时就会从中心开始。

对齐像素：选择此项后，可将矩形或圆角矩形的边缘自动对齐像素边界。

多边形工具：可产生直线型的多边形区域，选择多边形工具时有以下设定，如图1-24所示。

半径：对于圆角矩形，指定圆角半径；对于多边形，指定多边形中心与外部点之间的距离。

平滑拐角：选择此项后，将用圆角代替原来突出的尖角。

缩进边依据：可将多边形缩进成为星形。

平滑缩进：将用圆角代替原来缩进的尖角。

直线工具：可以画直线，并且可以设定宽度，还可以直接画出箭头，具体设置如图1-25所示。

图 1-24　多边形工具选项栏　　　　　图 1-25　直线工具选项栏

起点和终点：当起点和终点都选中时，画出的线两端都是带箭头的。

宽度和长度：表示的是箭头和线宽之间的比率，比率越高，箭头相对于线宽就越大。

凹度：用来定义箭头凹进去的程度。

7. 钢笔工具

可以用来建立各种路径，包括曲线路径、直线路径、开放路径和闭合路径。路径是由锚点组成的，锚点是定义路径中每条线段开始和结束的点，可以通过他们来固定路径。通过移动锚点，可以修改路径段以及改变路径的形状。锚点分为直线点和曲线点，曲线点的两端有把手，可控制曲线的曲度。

自由钢笔工具可以通过单击和拖动来创建路径。

添加锚点工具和删除锚点工具可以在路径上增加或删除锚点。

转换点工具可以将平滑曲线转换成折线，反之亦然。

直接选择和路径选择用于选择路径。直接选择工具用于选择分离的锚点或片段。单击了一个锚点或片段之后可以通过单击和拖动来编辑路径。使用路径选择工具，只需单击一下鼠标，便可以选择整个路径。

8. 裁切和切片工具

裁切：可剪切图像并重新设置图像的大小。

切片工具：在不影响页面质量的前提下，为使网页变小，只有减小图片的大小，所以切图成为当今制作页面的主要方式。切片工具就是来实现切割图片的，而切片选取工具则用来选取和排列。

9. 辅助工具

辅助工具包括注释工具、吸管工具、度量工具、抓手工具、缩放工具和移动工具等。

移动工具：用来对图层进行选择变换排列和分发。

注释工具和语音注释工具：可以在图像上增加注释和音频注解，作为图像的说明文件，从而起到提示的作用，如果要想做音频注解则要求计算机必须配有麦克风。

吸管工具：可以选定图像中的颜色，在信息面板中将显示光标所滑过的点的信息。

颜色取样器工具：可以在图像中最多定义四个取样点，而且颜色信息将在信息面板中保存。

度量工具：可以测量两点或两线间的信息。

抓手工具：可以在图像窗口中移动整个画布，移动时不影响图层间的位置。

缩放工具：可以对图像进行放大和缩小。选择缩放工具后单击图像时对图像进行放大处理，按住 Alt 键同时单击图像将做缩小处理。

1.2.3　Photoshop 图层调板功能介绍

图层调板主要功能如图 1-26 所示。

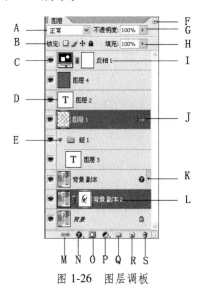

图 1-26　图层调板

A：用鼠标单击此处可弹出菜单，用来设定图层之间的混合模式。

B：图层锁定选项。从左至右分别是：

锁定透明度：图层的透明区域被选定，不能对图层的透明区域编辑。

锁定图像编辑：只可以移动图层上的图像，不能对图层进行任何编辑。

锁定位置：当前图层不能移动，但是可以编辑。

锁定全部：不能对图层进行任何编辑。

C：显示当前图层。眼睛图标消失，表示此图层隐藏。

D：文字图层。

E：图层组：文件夹图标前面的小三角向下表示展开图层组的内容。

F：单击此三角，可弹出调板菜单。

G：不透明度。

H：填充。

I：可调整图层或者填充图层。

J：链接图层。

K：表示图层执行了图层样式。

L：表示图层添加了图层蒙版。

M：链接图标：表示可以和当前操作图层一起移动。

N：图层样式图标：给图层添加特效。

O：单击此图标可以给当前图层增加图层蒙版。

P：单击此图标可以创建图层组。

Q：单击此图标可在弹出菜单中选择新调整图层或填充图层。

R：单击此图标可以创建新图层。

S：垃圾桶：用来执行删除图层工作。

1.3　Illustrator快速入门

　　Adobe Illustrator 是全球最著名的图形软件，依靠其强大的功能和体贴用户的界面已经占据了全球矢量编辑软件领域。它主要应用于专业的印刷出版领域、插画领域和多媒体图形制作。

　　Adobe Illustrator 最大特征在于贝赛尔曲线的使用，使得操作简单而功能强大的矢量绘图成为可能。现在它还集成文字处理和上色等功能，不仅在插图制作，而且在印刷制品（如广告传单、小册子）设计制作方面也广泛使用，已经成为桌面出版界的默认标准。

　　它同时作为创意软件套装 Creative Suite 的重要组成部分，与兄弟软件——位图图形处理软件 Photoshop 有类似的界面，并能共享一些插件和功能，实现无缝连接。同时它也可以将文件输出为 Flash 格式。因此，可以通过 Illustrator 让 Adobe 公司的产品与 Flash 连接。

1.3.1　Illustrator基本工作环境概览

　　启动软件后，就进入 Illustrator CS4 的工作界面了，主要由以下几部分组成，如图 1-27 所示。

菜单栏

菜单栏为整个环境下所有窗口提供菜单控制，包括：文件、编辑、对象、文字、选择、滤镜、视图、窗口和帮助 9 项。

工具选项栏

选中某个工具后，属性栏就会改变成相应工具的属性设置选项，可更改相应的选项。

工具箱

工具箱中的工具可用来选择、绘画、编辑以及查看图像。拖动工具箱的标题栏，可移动工具箱。单击可选中工具，属性栏会显示该工具的属性。有些工具的右下角有一个小三角形符号，这表示在工具位置上存在一个工具组，其中包括若干个相关工具。

画布区域

中间窗口是画布区域，它是 Illustrator 的主要工作区，用于显示图像文件。图像窗口带有自己的标题栏，提供了打开文件的基本信息，如文件名、缩放比例、颜色模式等。若同时打开两幅图像，可通过单击图像窗口进行切换。

状态栏

主窗口底部是状态栏，由三部分组成，最右边的是文本行、左边是缩放栏、中间是画板导航。

调板区

共有 14 个面板，可通过"窗口 / 显示"来显示面板，按 Tab 键会自动隐藏命令面板属性栏和工具箱，再次按键则会显示以上组件。

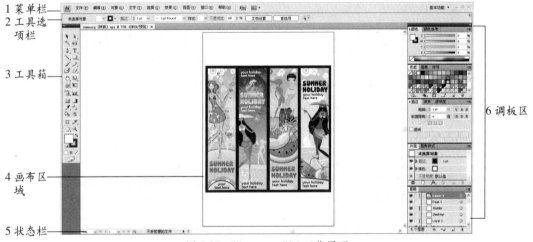

图 1-27　Illustrator CS4 工作界面

1.3.2　Illustrator工具的基本操作

Illustrator CS4 工具箱主要包括对象选择工具组、变换与移动组、图形绘制工具组、图形编辑工具组、图形的填色与渐变工具组和文字录入与编辑工具组，如图 1-28 所示。

对象选择

Illustrator 中对象选择工具包括选择工具、直接选择工具、魔棒工具和套索工具，如图 1-29 所示。

选择工具：对单个对象或成组对象进行选择，无法选择对象中路径或锚点。

直接选择工具：单独选择任何一段路径，也可以单独选择任何一个锚点或选择封闭对象的颜色填充部分。

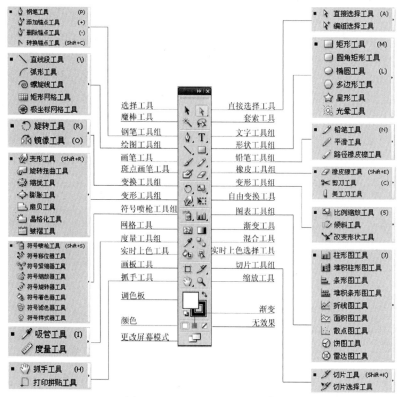

图 1-28　Illustrator CS4 工具箱

图 1-29　对象选择工具组

魔棒工具 ：可以根据对象的填充颜色、描边颜色、描边粗细和不透明度四种属性来进行对象的选取，也可以多个属性联合进行选取定义。

套索工具 ：可以绘制任意形状的封闭选区来选取一段或者多段路径中的一个或多个锚点。

变换与移动

Illustrator 中对象的变换与移动操作与 Photoshop 不同，因为 Illustrator 是矢量软件，所以图形的变换与移动并不会影响最终输出质量。常用的变换工具有旋转工具、比例缩放工具、变形工具和自由变换工具，如图 1-30 所示。

图 1-30　变形与移动工具组

旋转工具 ：可以对选择对象进行精确的旋转操作。

在 Illustrator 中主要有两种旋转操作方法：直接旋转和使用旋转工具进行旋转。

直接旋转：用选择工具 选择要选取的对象，对象四周出现了带有角点的定界框，如图 1-31 所示。将鼠标移到任意一个角点处，鼠标指针由 变成 形状时，按住鼠标不放，同时向希望旋转的方向拖拽鼠标，对象就可以实现以任意角度旋转，如图 1-32 所示。这种方法比较简单、快捷，但是旋转角度不够精确，而且不能够改变旋转的中心点。

图 1-31　选取要进行旋转的对象　　　图 1-32　使用选择工具进行旋转

使用旋转工具进行旋转：用选择工具 选择要选取的对象，双击旋转工具 按钮，弹出旋转工具对话框，如图 1-33 所示，可以在对话框中精确地控制对象旋转。其中勾选复制选项表示将对象旋转相应角度并复制对象；勾选图案选项表示将对象内部的填充图案一同进行旋转。

图 1-33　旋转工具对话框

镜像工具 ：镜像工具的操作与旋转工具的第二种操作方法相似，不同的是镜像工具对话框中轴的选项确定了镜像的方向，如图 1-34 所示。

水平旋转　　　　　　垂直旋转　　　　　　角度旋转

图 1-34　镜像工具对话框中轴的选项效果

比例缩放工具 ：此工具能够对选定对象进行等比例缩放，双击比例缩放工具 ，弹出对话框，如图 1-35 所示。勾选比例缩放描边和效果选项，可以在图形等比例缩放的同时将描边等效果同时按照比例放大或者缩小。

对齐和分布对象：Illustrator 中提供了强大的对齐与分布功能。选择窗口／对齐命令，可以弹出对齐控制面板，如图 1-36 所示。各种对齐和分布方式以图标显示，可以自行尝试以不同的方式对齐和分布多个不

图 1-35　比例缩放工具对话框

同类型的对象。需要注意的是，所有的对齐方式都是以两者的公共部分为参考进行平均对齐的，如果希望以其中的某一个对象为基准进行对齐的话，可以在选择了所有对象后在作为基准的对象上单击，然后再进行对齐操作。

移动对象：Illustrator 中对选定对象的操作方法有两种。一种是利用前面介绍的变换控制面板进行精确定位，另一种是利用选择工具或间接选择工具进行操作。当选定对象后，鼠标指针显示为 ▸ 或 ▸ 形状，此时拖拽鼠标便可实现移动操作。

剪切、复制和粘贴对象：剪切、复制和粘贴命令的快捷键也与其他软件相同，分别是 Ctrl+X、Ctrl+C 和 Ctrl+V。除此之外，Illustrator 还提供了一个原地复制的功能 Ctrl+F 和移动复制的功能，就是在利用选择工具进行对象移动操作的同时，按住 Alt 键，同时拖拽鼠标。

再次变换：Ctrl+D 能够将先前的某些操作过程（如旋转、复制等）进行再次变换，以保证某些特征（如角度、距离等）的相同性。例如，要对一个圆形分别进行线形阵列和环形阵列，再次变换命令配合移动复制和旋转操作可以做出以下效果，如图 1-37 所示。

图 1-36　对齐控制面板

图 1-37　再次变换命令制作阵列效果

图形的绘制

Illustrator 矢量图形绘制工具，从绘制方式上可以分为自动和手动两大类，具体来讲就是绘图工具组（含形状工具组）和钢笔工具组两类，如图 1-38 和图 1-39 所示。

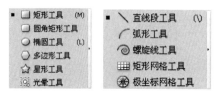

图 1-38　绘图工具组和形状工具组

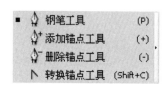

图 1-39　钢笔工具组

自动图形绘制方式常用的工具包括直线工具、弧形工具、螺旋线工具、矩形工具、圆角矩形工具、椭圆工具、多边形工具和星形工具 8 种。每一种工具都可以通过打开相应的对话框进行参数设置，然后直接在画布上生成准确的图形，也可以在画布上拖拽鼠标生成任意尺寸的图形。

使用图形绘制工具时配合以下常用快捷键，可以提高制图效率。

Alt 键：在以拖拽鼠标的方式绘制图形时，按住 Alt 键会使所绘制的图形以几何中心为参考点生成，例如，矩形以其对角线的交点为参考点；椭圆形以其长轴和短轴的交点为参考点等。而在对图形进行变形操作时，按住 Alt 键，图形会保持中心不动，沿鼠标的拖拽方向在横向和纵向两个方向上缩放。

Shift 键：在以拖拽鼠标的方式绘制图形时，按住 Shift 键所绘制出的图形是标准对称的。例如，在使用▢绘制矩形时，按住 Shift 键所绘制出的图形是正方形；在使用◯绘制椭圆形时，按住 Shift 键所绘制出的图形是圆形。当按住 Shift 键进行物体的移动操作时，可以将对象限制在于原先所在位置共线的横向或纵向方向上移动。

Ctrl 键：在使用螺旋线和星形进行图形绘制时，按住 Ctrl 键可以调整图形的形状。

方向键（↑、↓）：在使用弧形工具时，↑键和↓键分别用于控制弧线弧度的增减。在使用螺旋线工具时，↑键和↓键分别用于控制螺旋线中心部分线条的疏与密。在使用圆角矩形工具时，↑键和↓键分别用于控制圆角矩形的圆角半径的大小。在使用星形工具时，↑键和↓键分别用于控制星形的角数。在使用多边形工具时，↑键和↓键分别用于控制多边形的边数。

C 键和 F 键：这两个快捷键仅在使用弧形工具绘图时使用。在使用弧形工具绘制弧形的过程中，按 C 键可以将开放的弧形封闭起来，按 F 键则可以将当前的弧形方向予以翻转，如图 1-40 所示。中间为原始图形，左侧是按 C 键效果，右侧是按 F 键效果。

图 1-40　C 键和 F 键的应用

钢笔工具 ：是图形绘制最常用的工具。钢笔工具是线稿绘制方法中最为重要的工具，因为几乎所有的形状轮廓都要采用钢笔工具来绘制，其最大的优点就是方便快捷、便于反复修改。根据用户的不同需求，钢笔工具可以画出光滑的自由曲线，也可以画出直线和折线等，这取决于用户在下笔时拖拽鼠标还是直接单击。如果是拖拽操作的话，就会在每个锚点处生成一个调节杆，用以控制扭转方向和曲率大小，如图 1-41 所示。如果是直接单击，则仅仅产生锚点，且线段之间的曲率并不连续，如图 1-42 所示。

图 1-41　钢笔工具直接单击生成折线

图 1-42　钢笔工具拖拽操作生成光滑曲线

添加锚点工具 **和删除锚点工具** ：这两个工具可以在选取路径对象后，为其添加锚点或删除已经存在的锚点。具体操作方法是，将鼠标指针靠近要编辑的路径附近（删除锚点工具需要靠近要删除的锚点），鼠标指针变成 或 形状，此时单击便可以实现相应的操作了。当 处于激活状态时，鼠标指针靠近路径（或要删除的锚点）时，则自动由 变为 或 形状，因为这是钢笔工具所具备的一项模糊控制功能。

转换锚点工具 ：该工具可以从一个没有调节杆的锚点中拖拽出一对调节杆，也可以通过单击将一个拥有调节杆的锚点转换为没有调节杆的初始状态，如图 1-43 所示。当鼠标指针靠近锚点时，显示为 形状，此时拖拽鼠标即可。

画笔工具 **和铅笔工具** ：这两个工具与 Photoshop 中的画笔工具和铅笔工具有些相似，可以模拟徒手绘画的感觉，如果配合数位板绘制效果更佳。在 Illustrator 中生成的笔触也是矢量的，放大或缩小也不会有损失，甚至可以直接导入 Flash 或 PowerPoint 中，极大地方便了用户的使用，如图 1-44 所示。

图 1-43　转换描点工具应用效果　　　　　图 1-44　画笔工具和铅笔工具效果

图形的编辑

移动锚点： 主要是通过直接选择工具选取要编辑的锚点，然后通过拖拽鼠标或是按键盘上的 4 个方向键进行移动。

焊接锚点： 在使用 Illustrator 绘图时，经常需要将两端独立的路径焊接起来，这时便可使用对象 / 路径 / 连接命令（Ctrl +J）完成操作。具体方法如下。

使用选取希望作为焊接点的一对锚点，选择对象 / 路径 / 连接 / 命令或按 Ctrl+J 键，完成焊接锚点的操作，如图 1-45 所示。

对齐锚点： 除了对锚点进行焊接操作外，有时还要在某些严谨的图形绘制中将两个或多个锚点在水平或竖直方向上对齐，使用对象 / 路径 / 平均命令 Ctrl + Alt + J 可以实现这一操作，具体方法如下。

如图 1-46 所示，使用直接选择工具选取要进行对齐操作的两个或多个锚点。选择对象 / 路径 / 平均命令 Ctrl + Alt + J 键，此时会弹出如图 1-47 所示的平均命令对话框，选择需要的对齐方向，单击确定按钮完成操作。对齐效果如图 1-48 所示。平均命令在对齐锚点时，是以选取的所有锚点在对齐方向上的公共中心为参考点进行对齐的，而不是根据其中的某个锚点进行对齐。

图 1-45　用连接命令完成焊接效果　　　　图 1-46　选择要进行操作描点图

图 1-47　平均命令对话框图　　　　　　　图 1-48　完成对其操作描点

下面介绍几个针对矢量图形的编辑操作，主要包括图形轮廓化、图形的布尔运算、图形封套和图形蒙版 4 种。

图形轮廓化： 这个操作与文字轮廓化道理相同，目的是将路径、文字等元素的当前形状转化为轮廓路径。以开放路径来说，转换前是不能进行渐变填充操作的单一描边路径，而在使用了对象/路径/轮廓化描边命令后，整条描边路径转换为轮廓路径，渐变填充操作也成为可能，如图 1-49 所示。

图形的布尔运算：和三维实体操作中的布尔运算类似，二维图形的布尔运算主要是针对封闭区域和复合路径的交集、并集和差集运算，主要涉及的工具是窗口/对齐中的路径查找器控制面板，如图 1-50 所示。

图 1-49　路径轮廓化描边前后变化　　　　图 1-50　路径查找器面板

剪切蒙版：Illustrator 中的蒙版和 Photoshop 中的蒙版功能较为相似。通过钢笔工具和各种几何图形工具配合变形、扭曲等工具可以直接制作出各种形状的简单路径，如果再配合 Illustrator 中强大的复合图形和复合路径功能和图形切割功能，便可以制作任何形状的图形蒙版，这样大大增加了设计的表现力，如图 1-51 所示。Illustrator 中的图形蒙版工具为对象/剪切蒙版/建立和释放两个作用相对的命令，其中建立命令的快捷键为 Ctrl +7，释放命令的快捷键为 Alt + Ctrl + 7。

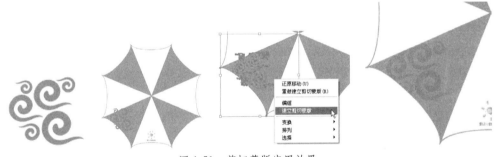

图 1-51　剪切蒙版应用效果

图形的填色与渐变

填色：虽然 Illustrator 中并未直接提供填色的工具按钮，但处处都渗透着色彩、图案填充的功能。如图 1-52 所示，双击工具箱调色板中的填色区域便可以打开拾色器对话框，用户可在该对话框中直接设置对象的填充颜色。当然也可以通过图 1-53 所示、图 1-54 所示的颜色和颜色参考控制面板来用灰度、RGB、CMYK 和 HSB 模式调配色彩，或者直接应用预制色样来提高效率。

　　　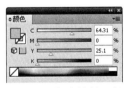　　　

图 1-52　工具箱中颜色控制区域　　　图 1-53　颜色控制面板　　　图 1-54　颜色参考控制面板

渐变工具：Illustrator 中的渐变工具同 Photoshop 中的同类工具有所不同，当一个对象具有渐变填充效果时，必须在将其选择后，渐变工具的设定才会起作用。具体方法如下。

方法一：选择对象后，可以使用"＞"键将填色转换为当前设定的渐变效果，同样可以使用"＜"键将渐变转换成当前设计的填色效果。

方法二：选择对象后，用鼠标单击渐变控制面板中渐变条的底部，同时通过在对象中拖拽鼠标决定渐变方向。

在确定了渐变方向后，可以通过如图 1-55 所示的渐变控制面板详细地设置渐变的类型及角度等属性。

类型：可在该下拉列表中选择相应选项，将渐变的模式从默认的线性模式改变为径向模式，图 1-56 所示为对同一个对象添加不同渐变模式的同种渐变。

图 1-55　渐变控制面板图

图 1-56　不同渐变类型效果

角度：该选项用于控制线性渐变与水平方向所展现的角度。

位置：控制渐变滑杆下方色彩滑块在整个滑动条中的位置。要添加色彩滑块，只需在需要添加位置滑动条下方单击即可；要平移除色彩滑块，只需将该色彩滑块拖拽出对话框即可；要改变滑块的色彩类型，需要先选择该滑块，需要注意的是，类型和角度属性只有在单击了渐变滑杆的色彩滑块后才能进行参数调节。

混合工具：混合工具可以在矢量图形之间实现很多效果。通过双击混合工具按钮，弹出如图 1-57 所示的混合选项对话框，用户在这里可以进行相关属性的设置。

间距：该下拉列表定义了不同的混合方式，3 种模式可供选择，选择相应的模式可以产生不同的混合效果，如图 1-58 所示。

图 1-57　混合选项对话框

图 1-58　间距模式的不同效果

取向：该选项决定混合渐变产生的对象是附着在页面方向还是路径方向。

描边：和填充类似，描边效果也没有直接的工具按钮。在 Illustrator 工具箱的调色盘中，可以通过 X 键打开描边效果，通过"/"键禁用描边效果。设置描边效果，则可以通过（描边）控制面板来实现，如图 1-59 所示。

粗细：该选项可以设定描边的粗细，后方的端点样式可以决定非闭合描边末端的样式，分别有平头端点、圆头端点和方头端点 3 种。

斜接限制：这里提供了 3 种不同的描边连接方式，分别为斜接连接、圆角连接和斜角连接，如图 1-60 所示。

虚线：勾选此项后，可以将当前的描边效果由实线变为虚线，通过其中的虚线、间隙可以设置不同的虚线效果，如不等长虚线点划线等，如图 1-61 所示。

图 1-59　描边控制面板

图 1-60　斜接限制

图 1-61　虚线

吸管工具：与 Photoshop 中拾取颜色的吸管工具不同，Illustrator 中的吸管工具可以像 Word 中的格式刷工具那样将对象的描边、渐变和填充等属性记录下来，并将其应用到要改变属性的对象上。

文字的录入与编辑

文字工具和区域文字工具：这两种工具在使用方法上相差不多，都是最基本的文字录入工具。唯一的区别在于前者录入的是单独的文字，单独文字不具备自动换行的能力，需要手动按下 Enter 键进行换行操作，通常用于创建 Logo 标志、标签和标题等较短的文字部分；而后者录入的是成段的区域文字，例如说明性质的文字部分。

路径文字工具：该工具用于在 Illustrator 中沿着任何路径排放文字。

用户在选择要编辑的文字对象后，可通过菜单栏下方的文字工具选项栏对文字效果做进一步的设置，如图 1-62 所示。也可按 Ctrl + T 键打开字符和段落控制面板，进行间距、行距等的详细设置，如图 1-63 和 1-64 所示。

图 1-62　文字工具选项栏

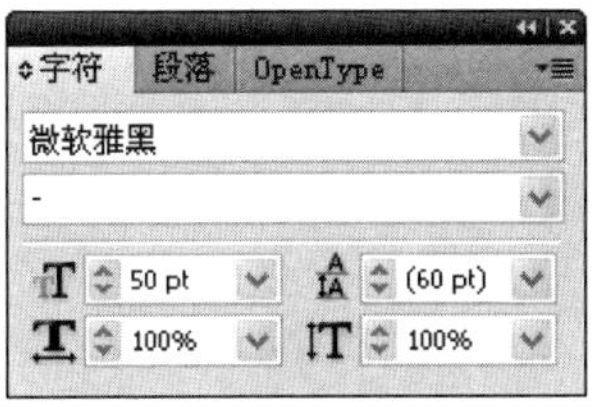

图 1-63　字符控制面板

图 1-64　段落控制面板

文字 / 创建轮廓命令：该命令可以在创建、编辑和拼写检查文本后，通过按 Shift + Ctrl + O 键将文字内容由字符转换为轮廓。当文字转换成轮廓后，可以修改其局部形态或对其应用渐变填充效果，也可以对其进行图案填充操作，除此之外，将文字对象轮廓化后可以避免字体丢失造成的麻烦。

第2章
插画设计与制作

2.1 插画概述

  插画作为一种重要的视觉传达形式，以其直观的形象、真实的生活感和感染力，在现代艺术设计中占有重要的地位，已广泛应用于文化活动、公共事业、商业活动、影视文化等各个领域。图 2-1 ～图 2-4 为部分优秀插画作品。

图 2-1   2007 金画奖插画大赛获奖作品

图 2-2   汉王杯 2008 中国年画奥运主题插画获奖作品

图 2-3　Bec Winnel 插画

图 2-4　法国艺术家 Ludovic Jacqz 插画

现代插画的表现形式多种多样，可按传播媒体分类，也可以按功能分类。按传播媒体基本上分为两大部分，即印刷媒体类与影视媒体类。印刷媒体类包括招贴广告插画、报纸插画、杂志书籍插画、产品包装插画、企业形象宣传品插画等。影视媒体类包括电影、电视、计算机显示屏中出现的插画等。

2.1.1　招贴广告插画

招贴广告插画俗称宣传画、海报，在依赖印刷媒体传递信息的时代，处于广告宣传的主宰地位。如图 2-5 所示为商业广告的插画素材。

图 2-5　商业广告插画

■ 2.1.2　杂志书籍插画

　　这种类型的插画广泛应用于各类书籍，如文学书籍、少儿书籍、科技书籍等。主要包括封面、封底的设计和正文的插画。如图 2-6 所示为《CGart》封面插画设计。

图 2-6　《CGart》封面插画

■ 2.1.3　产品包装插画

　　插画在产品包装中应用得非常广泛，这时插画就有了双重使命：一是介绍产品，二是树立品牌形象。最突出的特点是它不仅要注重平面设计而且要兼顾立体设计。如图 2-7 所示为牛奶的立体包装效果。

图 2-7　牛奶包装

2.1.4　影视插画

　　是指电影、电视中出现的插画。一般在电影、电视剧的宣传海报中出现得较多，如图 2-8 所示。如今，计算机屏幕成了商业插画的表现空间，众多的图形库动画、游戏节目、图形表格都应用了商业插画。

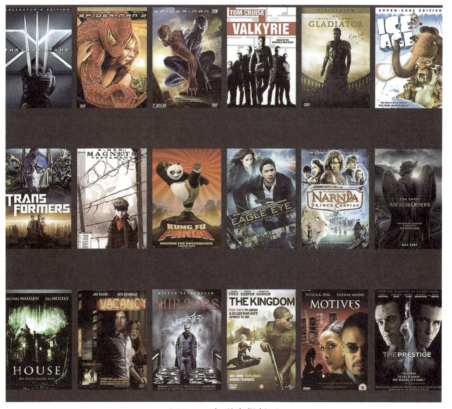

图 2-8　电影海报插画

2.2 书籍封面插画设计与制作

图 2-9　书籍封面插画完成效果

2.2.1　项目构思

1. 前期调研

本项目是为《Photoshop CG 插画技法》绘制封面插图。全书由 8 个章节构成，由浅至深地向读者介绍了 CG 插画的技法。该书通过对典型范例插画制作过程的剖析，向读者阐述 CG 插画绘制的技法和技巧。

2. 项目分析

通过前期的调研能够了解到，这是典型以 CG 插画为基础的封面设计。为了使读者在接触到该书的瞬间，就能了解书中的内容和特点，书的封面插画就要体现出 CG 插画的特征，因此作为封面的插画一定是精品的绘画，颜色要绚丽，绘画技法要精美，最好能将数字绘画的特点和效果表达出来，达到宣传图书和吸引读者的目的。

3. 项目资料收集

根据项目定位，搜集与项目相关的资料。所需要的 CG 插画首先是精品绘画，其次要适用于封面。在搜集素材时应先考虑插画中出现的元素，初步确定画面的色彩、构图及背景等。如图 2-10 所示。

图 2-10　资料收集

2.2.2　项目设计

1.　项目草图设计

　　根据项目收集到资料素材后,接下来的工作就是绘制项目草图。本案角色设计为一个具有魔力的精灵少女,她冷若冰霜却又魔力超群、惊艳动人,在画面表达上要展现其具有魔力的火焰,展现其精灵的翅膀,以及头上戴有象征权力的金属头盔,如图2-11 所示,本项目使用 Photoshop 软件制作。

图 2-11　插画草图设计

2. 项目颜色设定

根据客户要求，项目颜色以绚丽的黄、橘黄、蓝、粉为主，具体颜色的 RGB 值如图 2-12 所示。

图 2-12　插画颜色设定

3. 项目设计流程

图 2-13　项目设计流程图

实训要点

　　很多作者在创作角色时没有想法，所创作的角色要么平淡无奇没什么特色，要么就像是从明星脸上复制下来的，作品没有得到充分的肯定和尊重。面对繁杂的人物角色设计，首先要把喜欢的作品临摹下来，掌握作品的精髓。其次，要学会在大量的资料面前，合理地进行选择和整合。最后，依照当前的作业要求，强调出要表现的特点，突出主题。

　　在平时搜集大量的优秀作品和实例的同时，也要搜集真人版的资料，建立自己的素材库。在做作业时就可以根据项目的需求选择角色特点、色彩、背景虚实以及动势、服装等。

2.2.3 项目实施

1 在 Photoshop 文件下拉菜单中创建一个新文件，页面设置为 210×297，单位为毫米，分辨率 300 像素/英寸，颜色模式为 RGB 颜色，如图 2-14 所示。

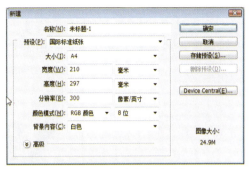

2 新建图层命名为起稿层，插画草稿在这层绘制有利于以后进行编辑。选择工具箱中的画笔工具 ✐，选择画笔中的尖角 19 像素画笔，透明度调整 50%，如图 2-15 所示。

图 2-14　新建文档对话框

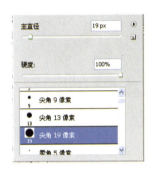

图 2-15　画笔基本设置

3 单击画笔调板 📖，对当前画笔进行调整，画笔笔尖形状中间距调成 9%，再单击其他动态，不透明抖动和流量抖动都调成钢笔压力，如图 2-16 所示。

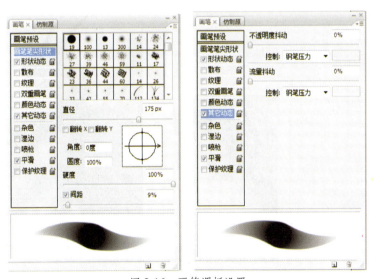

图 2-16　画笔调板设置

4 根据构思开始进行线稿绘制，用画笔直接在起稿层上绘制概略的草图，基本定下大的构图关系和人物的动态，如图 2-17 所示。

5　基本的构图关系定下来后就开始给画面添加一些元素，这里添加了蝴蝶的翅膀、恶魔的角、鱼鳍等，如图 2-18 所示。

6　继续用尖角 19 像素画笔进一步完善外形，让形体具体些。绘画时要设计整体的画面，使画面丰富合理，如图 2-19 所示。

图 2-17　基本草图绘制　　　　图 2-18　完善草图绘制　　　　图 2-19　草图整体绘画效果

7　以画女人的皮肤为例，选择画笔工具中的喷枪画笔，设置如图 2-20 所示。在绘制皮肤的过程中由数位板感压控制绘画过程中的明暗关系。

8　进一步细化画面，完善形体，使设计更加合理，如图 2-21 所示。这个过程需要橡皮工具配合修改。

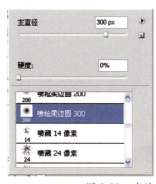

图 2-20　皮肤画笔设置　　　　　　　图 2-21　草图基本完成效果

9　现在开始上色，选择菜单"图像/调整/变化"命令，在弹出的对话框中，调整整体颜色倾向，选择一个设定好的颜色，如图 2-22 所示。

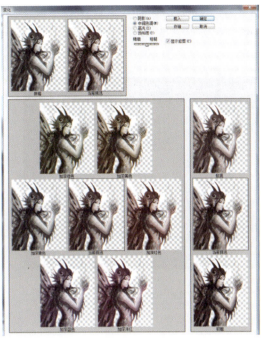

图 2-22   图像调整对话框设置

10 选择背景图层，置前景色如图 2-23 所示，按组合键 Alt + Delete 填充前景色。

11 新建一个图层把颜色模式改成叠加，在叠加层上用画笔选择颜色进行，绘制如图 2-24 所示。

12 画面的大体颜色已经确定，然后再新建一个图层，在这层上细化深入形体颜色绘制，如图 2-25 所示。

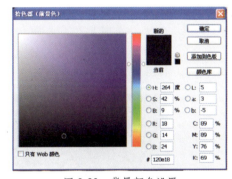

图 2-23   背景颜色设置

图 2-24   叠加图层创建   图 2-25   深入绘画颜色稿

13 进入细致刻画阶段，先从头部开始，以头发为例，要表现头发飘逸的质感，可以用尖角 19 像素画笔，不透明度 100%，远处的头发不需要很硬，可以用模糊工具 ，使远处的头发虚过去，如图 2-26 所示。

图 2-26　细致刻画画笔设置

14 要保持整体的同步。一个地方深入进去其余的地方也要跟上，如蝴蝶翅膀、鱼鳍，如图 2-27 所示。

15 新建一个图层绘制鱼鳞，图层属性调整成正片叠底，如图 2-28 所示。

16 鱼鳞的绘制用到特殊的笔刷，在笔刷设置面板里单击载入画笔按钮将鱼鳞画笔载入，如图 2-29 所示。

图 2-27　颜色稿整体刻画

图 2-28　鱼鳞图层设置

17 选择鱼鳞画笔中的皮肤 -9 号画笔在女人身体部分绘制，效果如图 2-30 所示。

18 添加特效火焰，将火焰素材打开，拖拽到当前文件中，将火焰图层的混合模式更改为浅色，按组合键 Ctrl+T 调整火焰角度，如图 2-31 所示。

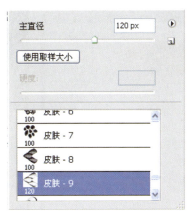

图 2-29　鱼鳞画笔载入　　　　　　　　　　图 2-30　鱼鳞画笔设置

图 2-31　火焰特效设置

19　将纹身素材打开，拖拽到当前文件中，将纹身图层的混合模式更改为正片叠底，按组合键 Ctrl + T 调整纹身角度，如图 2-32 所示。

图 2-32　纹身特效设置

20　新建一图层，选择渐变工具 设置如图 2-33 所示，由下向上拖拽鼠标，填充一个由黑色到透明的渐变来突出脸部，效果如图 2-33 所示。

图 2-33　渐变设置

21　丰富背景，选择柔角 13 像素画笔增加一些细微的发光效果，让背景变得活跃起来，如图 2-34 所示。

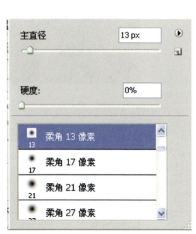

图 2-34　背景绘制

22　最后的整体调整，按组合键 Ctrl + Shift + E 合并所有图层，选择菜单"图像 / 调整 / 曲线"命令，调整画面的颜色关系，如图 2-35 效果。

实训要点

Photoshop 中，画笔工具的灵活运用；

Photoshop 中，图层混合模式的灵活运用。

图 2-35　书籍封面插画完成效果

2.2.4　拓展练习

图 2-36　拓展练习

> ✎ **工具提示：** 画笔工具、图层混合模式和图像调整。
>
> ✐ **制作提示：** 首先画出线稿，画出大体的明暗关系。其次将图层混合模式更改为
> 　　　　　叠加模式绘画出细节。最后将图层合并整体调整。

2.3　图书插画设计与制作

图 2-37　图书插画完成效果

2.3.1　项目构思

1.　前期调研

本项目是为《幼儿主题全景认知绘本》绘制图书插画，该书是一套新奇有趣的图书，适合 2～6 岁孩子自主阅读，是视觉找找看和图片词典的结合。通过详细的全景式插图、简短的介绍和故事、风趣幽默的语言、个性的人物和丰富的词语给孩子们呈现他们感兴趣的一些事情，丰富他们的知识。同时书中还设计了大量的"找找看"游戏，不仅好玩而且可以锻炼孩子的观察力、注意力和分辨能力，是具有好奇心的孩子的好玩伴。

我们要绘制的是《幼儿主题全景认知绘本》中"绚丽的自然"这部分的插画，这部分主要内容是从我们身边的"小自然"讲起，一直到最后的"大自然"。概括地描绘了不同的自然环境，同时列出了自然界中大量的动植物名称和它们的生长发育等。

2.　项目分析

客户要求图书中的插画是幼儿能够接受和理解的画面，具有一定的智能开发效果，比如培养和增强幼儿的物象识别能力、色彩识别能力、艺术鉴赏能力等。画面要求颜色清新、丰富，符合幼儿的色彩识别能力范围。

通过前期调研，确定这是典型的以幼儿插画为基础的插画设计。给幼儿制作插画需要把握三个要领：一是画面的形象要具有代表性，容易识别。二是画面中的颜色应简单明亮，色彩饱满，尽量不使用灰色。三是画面的故事情节应生动有趣，清新自然。这样可以使幼儿在观看时产生愉快的情趣，培养初步的艺术感知。这个项目的风格定位为色彩清新，形象简单，容易识别，在形象的处理上有一定的概括和夸张。整幅插画的颜色要明快，艳丽。图形要可爱并且不失真，要将"大自然"中存在的树木、草地、天空、白云等元素表现清楚，达到寓教于乐的目的。

2.3.2　项目设计

1. 项目草图

根据项目构思本案图书插画要以大自然中的树木、云朵等为主，经过反复修改后项目设计草图效果如图 2-38 所示。本项目使用 Illustrator 软件制作。

图 2-38　插画草图设计

2. 项目颜色设定

根据客户要求，项目颜色以明快的黄、橘红、蓝、绿为主，具体颜色 CMYK 值如图 2-39 所示。

图 2-39　插画颜色设定

3. 项目设计流程

图 2-40　插画设计流程图

2.3.3　项目实施

　1　在文件下拉菜单中创建一个新文件，页面设置为 A4，单位为毫米，横向，颜色模式为 CMYK，如图 2-41 所示。

图 2-41　新建文档对话框

　　2　选择工具箱中的矩形工具 ▢，在新建文档上创建 300mm×97mm 的矩形，选择工具箱中的渐变工具 ▢填充蓝色渐变，如图 2-42 所示。

图 2-42　蓝色背景设置

　　3　选择工具箱中的钢笔工具 ✍，勾画出山丘并填充绿色，如图 2-43 所示。使用钢笔工具时可以在路径上按需求添加 ✍或删除锚点 ✍，可以用转换点工具 ▷将尖角点转换为贝兹点。

图 2-43　山丘绘制过程

　　4　选择工具箱中的矩形工具 ▢画出房顶，用路径选择工具 ▷选择节点调整房顶透视效果。用矩形工具 ▢将小房子的正面和窗户画出来。再用钢笔工具 ✍勾出小房子的侧面和房檐。按组合键 Ctrl＋G 进行编组，将制作好的小房子编组备用，制作过程、颜色参照如图 2-44 所示。

图 2-44　房子绘制过程

5　选择工具箱中的直接选择工具 ，将小房子放到山丘上，调整大小和位置。再复制出 3 个小房子调整它们的颜色、大小和位置，效果如图 2-45 所示。

图 2-45　房子位置及大小

6　选择工具箱中的钢笔工具 ，勾出小松树的树干，再勾出树冠和树冠上的阴影和亮部，制作过程、颜色参考如图 2-46 所示。

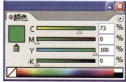

图 2-46　松树绘制过程

7 选择工具箱中的直接选择工具，将小松树放到山丘上，调整大小和位置。再复制出多个小松树调整它们的大小和位置，效果如图 2-47 所示。

图 2-47　松树位置及大小

8 制作花瓣。选择工具箱中的钢笔工具，勾出半个花瓣形状，选择花瓣单击右键变换，对称复制，制作过程和颜色参考如图 2-48 所示。

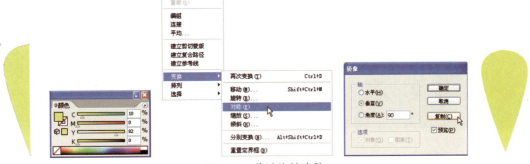

图 2-48　花瓣绘制过程

9 用路径选择工具选择花瓣的上面两个点，单击鼠标右键将两个点连接，这样就能把两个开放的路径闭合，花瓣下面两个点的闭合方法相同，如图 2-49 所示。

10 在花瓣上用钢笔工具勾出花瓣的暗部，把花瓣和暗部全部选择，单击鼠标右键编组。制作过程、颜色参考如图 2-50 所示。

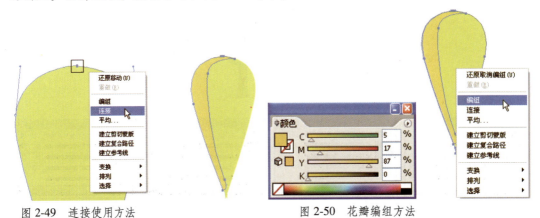

图 2-49　连接使用方法　　　　　　图 2-50　花瓣编组方法

11 用椭圆工具 ⬭ 绘制花心，再用钢笔工具勾出花心的暗部，把花心和暗部全部选择，单击鼠标右键编组，效果如图 2-51 所示。

图 2-51 花心绘制过程

12 选择花瓣组，按键盘上的 R 键（旋转的快捷键），然后按住 Alt 键不放，单击花心，按键盘上的 Enter 键输入旋转的角度为 30 度，再单击复制按钮，如图 2-52 所示。

13 按组合键 Ctrl+D 再次变换，旋转复制一周，调整花瓣大小和位置，效果如图 2-53 所示。

图 2-52 花瓣组复制方法　　　　　　　　　　图 2-53 花朵制作完成效果图

14 用钢笔工具勾出花茎，花叶对称复制，将整个花选择单击右键编组，旋转一定的角度，效果如图 2-54 所示。

15 把上步制作出的小黄花复制并改变颜色，做出小白花。将花复制放大或者缩小和用钢笔工具勾出各种形状的小草编组，效果如图 2-55 所示。

16 用选择工具箱中的直接选择工具选择花草组，按住 Alt 键移动复制出一组新的花草，将花草组对称复制，放在画面中相应的位置上，效果如图 2-56 所示。

图 2-54 花茎、花叶效果

图 2-55 花群效果

图 2-56　花群位置及大小

17　用钢笔工具勾出小径，颜色、效果如图 2-57 所示。

图 2-57　小径绘制过程

18　用钢笔工具勾出云，颜色、效果如图 2-58 所示。

图 2-58　云制作方法

19　用选择工具箱中的直接选择工具选择云朵，按住 Alt 键移动将上步绘制出
的云复制出两个，更改颜色和层叠顺序，效果如图 2-59 所示。

图 2-59　云复制方法

20　选择三朵云的最下面一个，选择菜单"效果 / 模糊 / 高斯模糊"，让云的边缘变得柔和，设置如图 2-60 所示。

图 2-60　云模糊效果

21　用选择工具箱中的直接选择工具 选择三层云，单击鼠标右键将三层云编组，并且对称复制，放在画面中相应的位置上，效果如图 2-61 所示。

图 2-61　云朵组位置及大小

22　制作小片的云，用钢笔工具 勾出云的形状，填充渐变色，如图 2-62 所示。

图 2-62　云颜色设定

23 制作蒲公英。用钢笔工具 和椭圆工具 画出蒲公英的茎，颜色设置如图 2-63 所示。

24 用椭圆工具 和矩形工具 绘制出蒲公英的冠，将小圆形和小矩形同时选择单击鼠标右键编组，如图 2-64 所示。

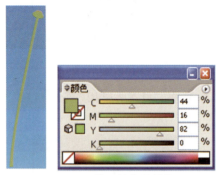

图 2-63　蒲公英茎的制作　　　　　　　图 2-64　蒲公英冠的制作

25 选择花瓣组，按键盘上的 R 键（旋转的快捷键），然后按住 Alt 键不放，单击蒲公英中心，按 Enter 键输入旋转的角度为 15 度，再单击复制按钮，如图 2-65 所示。

26 按组合键 Ctrl + D 再次变换，旋转复制一周，选择已经复制完的蒲公英冠单击鼠标右键将其编组，效果如图 2-66 所示。

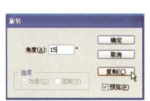

图 2-65　蒲公英冠的复制　　　　　　　图 2-66　蒲公英冠的旋转复制

27 将已经编组的蒲公英冠用直接选择工具 选择，按住 Alt 键再复制出一个，并调整其颜色、位置，效果如图 2-67 所示。

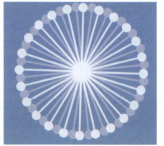

图 2-67　蒲公英冠完成效果

28 将整个蒲公英编组并复制，再将小花复制摆放在山丘上作为点缀，位置如图2-68 所示。

图 2-68　蒲公英位置及大小

29 最后创建一个红色矩形，放在最上面，将需要保留的画面覆盖上，将画面中所有东西全部选择单击右键创建剪切蒙版，最终效果如图 2-69 所示。

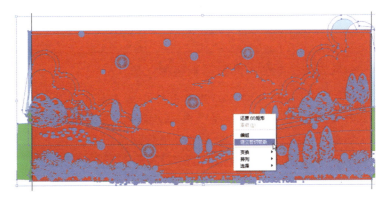

图 2-69　图书插画完成效果

实训要点

Illustrator 中，渐变工具的使用方法；

Illustrator 中，钢笔工具的灵活应用；

Illustrator 中，剪切蒙版的使用方法；

Illustrator 中，编组组合键 Ctrl + G 的应用。

2.3.4 拓展练习

图 2-70 拓展练习

🔧 **工具提示：** 钢笔工具、渐变工具和高斯模糊效果。

🖌 **制作提示：** 以云为例首先用钢笔工具勾出路径填充白色，其次制作云的阴影将云复制填充深色，选择"效果/模糊/高斯模糊"，最后将云复制，调整云的排列图层，其余图形制作方法相同。

标志及应用设计与制作

3.1 企业标志设计概述

在企业识别系统（CIS）的视觉设计要素中，应用最广泛、出现频率最高者，首推企业标志。它是整个视觉设计的核心，是视觉设计要素的主要力量，是企业经营哲学、生产技术、商品内容的象征，是消费者心目中企业、品牌的统一物。因此标志设计设计开发的成功与否，对于整个识别系统的影响意义重大。图3-1 恰恰食品股份有限公司标志设计是较为成功的企业标志设计案例。

图 3-1　恰恰食品股份有限公司标志

企业标志图形的题材主要分为图形标志和文字标志两大类，如图 3-2 所示。其中文字标志又可分为中文、英文、具象和综合等。企业标志主题素材是企业标志设计的基础，只有在明确主题素材之后，才能进行造型要素、表现形式和构成原理的创作活动，因此对于标志主题素材的选择应根据企业特点、企业精神、经营理念等进行综合分析研究。企业标志的设计主题形式分类如下。

图 3-2　企业标志

（1）以企业和品牌名称为题材。直接表现企业或品牌的名称，直接传达企业要表达的信息，这种设计方法近年来比较盛行，即文字标志。设计时将全名之中的一字进行独特性处理，使其产生强烈的视觉冲击力和个性特点，这也是文字标志设计的重点。

（2）以企业名称或品牌名称的首字为题材。从企业的名称或品牌名称中，选取第一个字母作为造型设计的题材。以字首为题材的标志又有双首字或多首字的表现形式。

（3）以企业名称或品牌名称或首字与图案组合为题材。此类设计形式是文字标志与图形标志的结合，有文字说明性，又有图案表现出的优点，具有视觉、听觉同步诉求的效果。

（4）以企业名称或品牌名称的意义为题材。依照企业名称或品牌名称的意义，将文字转化成具象化的图案造型，既可直接表现，又可象征表现。此种标志图形的设计形式，以具象化的居多。

（5）以企业文化或经营理念为题材。以企业独特的经营观念与精神文化，采用具象或抽象的符号，使之具体的传达与体现出来。通过单纯的图形符号，领会认识企业的内容意义，唤起社会大众的共鸣与认同。

（6）以企业经营内容、产品造型为题材。通过图形造型符号，直接来表达企业的经营内容、产品造型，具有直接说明经营品种、服务性质、产品特色等信息的特点。

（7）以企业或品牌的传统历史或地理环境为题材。这种题材刻意强调企业品牌悠久的历史传统或独特的地域环境，以引起消费者产生权威性、认同感和新鲜感。这种设计具有强烈的故事性和说明性的特点，常以写实的造型或卡通化的图案作为表现的形式。

3.2　阳光公司标志设计与制作

图 3-3　阳光公司标志

3.2.1　项目构思

1. 前期调研

阳光公司是从事装饰装修的公司，在北京、天津、成都、重庆、武汉、南京等25个大中型城市都建立了直营分公司，拥有超过70余家的加盟分公司，在业内享有很好的口碑和用户知名度，多年被北京市装饰协会和中国装饰协会评为"优秀装饰企业"、"优秀家装公司"。

2. 项目分析

本案的标志不仅仅是一个图形或文字的组合，它结合了企业的构成结构、行业类别、经营理念，并充分考虑了标志接触的对象和应用环境，然后为企业制定标准的视觉符号。在设计之前，首先要对企业做全面深入的了解，包括战略、市场分析，以及企业最高领导人员的基本意愿，这些都是标志设计的重要依据。对竞争对手的了解也是非常重要的，标志的识别性，就是建立在对竞争环境的充分掌握上。

通过对阳光公司调研了解到，公司主要从事室内装修设计业务，提倡绿色、环保设计理念。公司标志意向为动感、活泼，表现公司的蓬勃朝气。

根据对调查结果的分析，按照以企业名称意义为题材，提炼出标志的结构以太阳为主形、色彩取向为金黄色系，体现公司朝气蓬勃的精神和特点。挖掘与太阳相关的图形元素，找出标志的设计方向，使设计工作有的放矢，而不是将文字和图形进行无目的的组合，图 3-4 是设计思路联想图。

图 3-4　设计思路联想图

3.2.2　项目设计

经过反复推敲和沟通确定方案 5 为最终稿，如图 3-5 所示。设计理念是：将阳光设计公司名称的含义转化成标志的核心图形"太阳"图案造型，创意点在"太阳"图案中心的三圆重叠设计，突破了传统造型理念。标准字是公司的英文名，字体采用胖娃娃特殊字体，字体特点圆润，区别于大众。颜色主要采用太阳的金黄色系，在黄色系中变化，使标志整体颜色协调统一。本项目使用 Illustrator 软件制作。

1. 项目草图设计

根据调研及分析，绘制了 9 种以太阳为主体而演变的标志草图。最终确定方案 5。

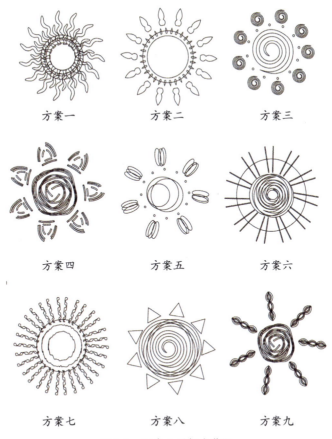

方案一   方案二   方案三

方案四   方案五   方案六

方案七   方案八   方案九

图 3-5　阳光公司标志草图

2. 项目颜色设定

颜色主要采用太阳的金黄色系，具体颜色 CMYK 值如图 3-6 所示。

图 3-6　标志颜色设定

3. 项目设计流程

图 3-7　项目设计流程图

3.2.3 项目实施

1 在文件下拉菜单中创建一个新文件，页面设置为 A4，单位为毫米，根据需要可选横向或纵向，颜色模式为 CMYK，如图 3-8 所示。

2 选择工具箱中的椭圆工具 ，按住键盘上的 Shift 键在新创建的文件中绘制一个正圆，颜色及大小如图 3-9 所示。

3 选择工具箱中的选择工具 ，选择上步骤绘制的圆形，按住键盘上的 Alt 键移动圆形，复制出一个新的圆形，颜色设置如图 3-10 所示。

图 3-8　新建文档对话框

图 3-9　标志中心部分绘制过程　　　　　　　　图 3-10　标志中心部分绘制过程

4 选择工具箱中的椭圆工具 ，按住键盘上的 Shift 键绘制一个正圆，颜色及大小如图 3-11 所示。

5 选择已经绘制好的三个圆形，按组合键 Ctrl + G，给三个圆形编组，如图 3-12 所示。

图 3-11　标志中心部分绘制过程　　　　　　　图 3-12　标志中心部分编组

6 选择工具箱中的椭圆工具 ，按住键盘上的 Shift 键绘制一个正圆，颜色及大小如图 3-13 所示。

图 3-13　小圆点设置

7 选择上一步绘制的小圆，按键盘上的 R 键（旋转的快捷键），然后按住 Alt 键不放，单击三个圆的中心，按 Enter 键输入旋转的角度为 30 度，再单击复制按钮如图 3-14 所示。

8 上一步结果如图 3-15 所示。

图 3-14　小圆点旋转复制方法

图 3-15　小圆点旋转复制效果

9　按组合键 Ctrl+D 再次变换，重复多次 Ctrl+D 再次变换，效果如图 3-16 所示。

10　选择工具箱中的椭圆工具，绘制一个椭圆，颜色及大小如图 3-17 所示。

图 3-16　再次变换使用方法

图 3-17　椭圆绘制过程

11　用移动工具选择上一步绘制的椭圆，按住 Alt 键复制出一个新的椭圆，颜色更改如图 3-18 所示，再复制出一个椭圆，颜色更改如图 3-19 所示，调整三个椭圆的位置，效果如图 3-20 所示。

图 3-18　颜色设定

图 3-19　颜色设定

图 3-20　椭圆组绘制过程

12　选择工具箱中的选择工具框选三个椭圆，右键选择编组，为复制多个椭圆做准备，如图 3-21 所示。

13　选择上一步绘制的三个椭圆组，按键盘上的 R 键（旋转的快捷键），然后按住 Alt 键不放，单击三个圆的中心，按 Enter 键输入旋转的角度为 53.3 度，再单击复制按钮，如图 3-22 所示。

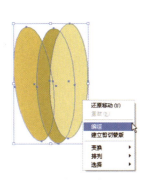

图 3-21　椭圆组编组方法

图 3-22　椭圆组旋转复制方法

14 上一步结果如图 3-23 所示。

15 按组合键 Ctrl+D 再次变换，重复多次 Ctrl+D 再次变换，效果如图 3-24 所示。

图 3-23　椭圆组旋转复制效果　　　　　图 3-24　再次变换使用方法

16 选择文字工具 T，输入 SUNSHINE，设置如图 3-25 所示。

图 3-25　标志文字设置

17 将文字全部选中，选择菜单"对象／扩展"命令，单击确定，将文字转换为图形，如图 3-26 所示。

图 3-26　文字扩展

18 按组合键 Ctrl + A 全部选择，按组合键 Ctrl + G 把所有图形编组，便于使用，最终效果如图 3-27 所示。

图 3-27　阳光公司标志最终效果

实训要点

Illustrator 中，椭圆工具 的使用方法；

Illustrator 中，旋转复制工具的使用方法；

Illustrator 中，文字转换为图形的使用技巧。

3.2.4 拓展练习

图 3-28 拓展练习

🔧**工具提示**：钢笔工具、渐变工具和路径文字工具。

🖌️**制作提示**：首先用钢笔工具勾画出中心图形并填充渐变，然后用椭圆工具绘制
正圆制作校徽图形，最后使用路径文字工具输入学校的英文名。

3.3 某企业标志设计与制作

图 3-29 VP 公司标志

3.3.1 项目构思

1. 前期调研

VP 公司是一家咖啡连锁公司，经营咖啡、茶、馅皮饼及蛋糕等商品，在学生与

城市白领中非常流行，且与超市、书店等其他行业结盟。

2. 项目分析

通过 VP 公司调研了解到，公司主要经营咖啡类、可可类食品，提倡食物的天然美味。公司标志意向为图形能直接表达企业的经营内容、经营品种、服务性质和产品特色等信息。

3.3.2 项目设计

依照 VP 公司经营范围，提炼出标志的结构为咖啡杯图形造型。色彩取向为暗红色系，标志所要体现的精神和特点是公司对天然美味的追求。挖掘与咖啡杯相关的图形元素，找出标志的设计方向，公司名以半圆形环绕在标志上方，与标志图形浑然一体。本项目使用 Illustrator 软件制作。

1. 项目草图设计

根据调研及分析，绘制了 12 种由咖啡杯为主体变形而来的标志草图，最终方案由草图中的方案 2 演变而来，如图 3-30 所示。

图 3-30　VP 公司标志草图

2. 项目颜色设定

图 3-31　VP 公司标志颜色设定

3. 项目设计流程

图 3-32　项目设计流程图

3.3.3　项目实施

1　在 Illustrator 文件下拉菜单中创建一个新文件，页面设置为 A4，单位为毫米，根据需要可选横向或纵向，颜色模式为 CMYK，如图 3-33 所示。

2　选择工具箱中的椭圆工具，在新创建的文件中绘制两个椭圆形，颜色及大小如图 3-34 所示。

图 3-33　新建文档对话框

图 3-34　椭圆大小及颜色设定

3　把绘制的椭圆形进行重叠，并调整适合位置，黄色椭圆形放在上面，将两个椭圆形保持选中状态，选择菜单"窗口 / 对齐"命令，调出"对齐"调板，单击水平居中按钮，如图 3-35 所示。

4　选择菜单"窗口/路径查找器"命令，调出"路径查找器"面板，单击与形状区域相减按钮，再单击扩展按钮 扩展，如图 3-36 所示。

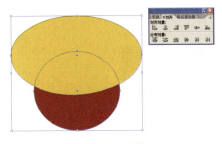

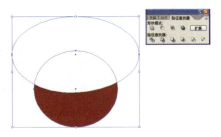

图 3-35　对齐工具使用方法　　　　　　　图 3-36　路径查找器使用方法

⑤　选择工具箱中的钢笔工具 ，勾出如图 3-37 所示的两个图形，黄色图形放在上面，所有图形选中，在路径查找器面板中单击与形状区域相减按钮 ，再单击扩展按钮 扩展 ，最终效果如图 3-37 所示。

⑥　选择工具箱中的钢笔工具 ，勾出如图 3-38 所示图形，使用钢笔工具时配合 Alt 键，可以切换为转换锚点工具。

图 3-37　路径查找器使用方法　　　　　　图 3-38　钢笔工具制作图形

⑦　选择工具箱中的椭圆工具 绘制椭圆形，互换填色和描边得到一个圆环，设置圆环描边粗度为 7pt，如图 3-39 所示。

图 3-39　描边设置

⑧　选择圆环上半部分并删除，得到半圆环，选择菜单"对象/扩展"命令，将得到的半圆环进行扩展，弹出扩展对话框，单击确定按钮，使之变成一个可以修改的图形，便于下一步进行局部调整和修改，如图 3-40 所示。

图 3-40　路径扩展

9 选择工具箱中的直接选择工具 将图形和半圆环同时选中，在路径查找器面板中，单击分割按钮 ，选择多余部分删除，调整后效果如图3-41所示。

图3-41 路径查找器分割图形

10 选择工具箱中的椭圆工具 绘制一个椭圆形，互换填色和描边得到一个圆环，设置圆环描边粗度为60pt，做标志中间部分如图3-42所示。

图3-42 描边设置

11 选择工具箱中的椭圆工具 再绘制一个椭圆形，位置如图3-43所示，和上一步得到的图形同时选择，单击路径查找器面板中与形状区域相交按钮 ，再单击扩展按钮 扩展 ，结果如图3-43所示。

图3-43 路径查找器与形状区域相交设置

12 选择工具箱中的钢笔工具 勾出图形，如图3-44所示，和上步得到的图形同时选中，单击路径查找器面板中与形状区域相减按钮 ，再单击扩展按钮 扩展 ，结果如图3-44所示。

图3-44 路径查找器与形状区域相减

13 选择工具箱中的钢笔工具 勾出火焰形状，如图3-45所示。

14 选择工具箱中的椭圆工具 绘制一个椭圆形，互换填色和描边得到一个圆环，删除圆环下半部分，如图3-46所示。

15 使用路径文字工具 ，单击上一步制作的半圆，输入文字，文字大小及间距如图3-47所示。

图 3-45　钢笔工具制作火焰　　　图 3-46　圆环制作　　　图 3-47　路径文字工具

16　将文字全部选中状态，选择菜单"对象 / 扩展命令"，单击确定，将文字转换为图形，如图 3-48 所示。

17　最后在字母 E 上绘制圆形，按组合键 Ctrl + A 全部选择，按组合键 Ctrl + G 把所有图形编组，便于使用，最终效果如图 3-49 所示。

图 3-48　文字扩展　　　　　　　　　　　图 3-49　VP 公司标志最终效果

实训要点

Illustrator 中，路径查找器的使用方法；

Illustrator 中，对齐工具 的使用方法；

Illustrator 中，钢笔工具 的使用技巧；

Illustrator 中，路径文字工具 的使用方法；

Illustrator 中，扩展命令的使用方法。

3.3.4　拓展练习

图 3-50　拓展练习

✎ **工具提示：** 标尺、参考线应用、钢笔工具、直接选择工具和旋转复制。

🖌 **制作提示：** 首先将标尺打开，拖拽出两条参考线，然后用钢笔工具勾画出一个
图形的路径，用直接选择工具调整路径形状，最后选择一个图形以
标尺的中心旋转复制。

3.4 某企业VI系统应用设计与制作1：名片设计与制作

图 3-51 阳光公司名片

3.4.1 项目构思

（1）宣传自我。一张小小的名片上最主要的内容是名片持有者的姓名、职业、工作单位和联络方式（电话、E-mail、MSN、QQ）等，通过这些内容把名片持有人的简明个人信息标注清楚，并以此为媒体向外传播。

（2）宣传企业。名片除标注清楚个人信息资料外，还要标明持有人所在企业的资料，如企业名称、地址及业务领域等。这种类型的名片主要表达企业信息，其次是个人信息。在名片中同样使用企业的标志、标准色和标准字等，使其成为企业整体形象的一部分。

（3）信息时代的联系卡。在数字化信息时代中，每个人的生活、工作和学习都离不开各种类型的信息，名片以其特有的形式传递企业、个人及业务等信息，很大程度上方便了我们的生活。

3.4.2 项目设计

根据 3.2 节中设计的标志，设计配套应用。名片中设计辅助图形为祥云和飘带，符合标志含义，与标志主体图形吻合。颜色秉承标志中使用的黄色系风格，整体统一。名片设计中信息的编排也很重要，要将持有人的主要信息安排在视觉流程的中心位置。本项目使用 Illustrator 软件制作。

3.4.3 项目实施

1　在文件下拉菜单中创建一个新文件，页面设置为 A4，单位为毫米，根据需要可选横向或纵向，颜色模式为 CMYK，如图 3-52 所示。

2　按组合键 Ctrl + R 显示标尺，选择工具箱中的选择工具 ，在标尺栏拖拽出参考线到纵向标尺的 250mm 处。选择工具栏中的矩形工具 ，创建一个宽度 90mm，高度 50mm 的长方形，如图 3-53 所示。

图 3-52　新建文档对话框　　　　　　图 3-53　矩形大小设置

3　颜色及描边颜色大小设置如图 3-54 所示。

图 3-54　颜色及描边颜色大小设置

4　选择工具箱中的选择工具 ，在标尺栏拖拽出参考线，如图 3-55 所示。

5　复制 3.2 节方案中绘制的标志，按组合键 Ctrl + V，粘贴到当前文档，如图 3-56 位置。

图 3-55　参考线设置　　　　　　图 3-56　阳光公司标志位置

6　在名片上输入文字，设置如下：

中文姓名 / 大宋简体、字号 12pt、字距 300；

中文职务 / 中宋简体、字号 7.5pt、字距 40；

中文联系资料 / 中黑简体、字号 7pt、行距 9pt；

数字 / Times、字号 7pt、行距 9pt；

英文姓名 / Times Bold、字号 12pt、字距 25；

英文职务 / Times Roman、字号 7.5pt、字距 25；

英文联系资料 / Times Bold、字号 7pt、行距 9pt；

网址 / Times Italic、字号 6.5pt。

效果如图 3-57 所示。

图 3-57　文字排版效果

7　选择工具栏中的钢笔工具 ，勾画出祥云辅助图形，效果和颜色设置如图 3-58 所示。

8　选择工具栏中的选择工具 ，按住 Alt 键拖拽辅助图形复制辅助图形，按住 Shift 键拖拽新复制出的辅助图形并缩小，放到相应位置上，如图 3-59 所示。

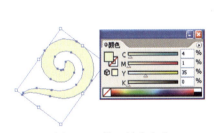

图 3-58　祥云制作方法　　　　　　　图 3-59　祥云位置及大小设置

9　选择工具栏中的钢笔工具 ，勾画出飘带辅助图形，填充渐变效果和颜色设置如图 3-60 所示。

图 3-60　飘带辅助图形

[10] 复制名片纸将其置于顶层，框选名片单击鼠标右键创建剪切蒙版，如图3-61所示。

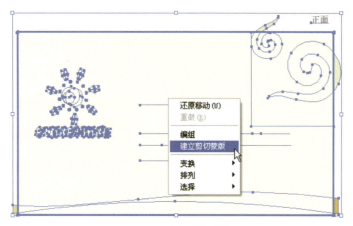

图 3-61　建立剪切蒙板

[11] 按组合键Ctrl + G将其编组，名片正面全部制作完成，背面制作方法相同，最终效果如图3-62所示。

图 3-62　阳光公司名片最终效果

3.5　某企业VI系统应用设计与制作2：广告伞设计与制作

图 3-63　阳光公司广告伞

3.5.1　项目构思

　　广告伞作为一种现代新颖的广告载体，具有流动性大、色彩鲜艳、视觉效果好的特点，同时还有图案设计不受限制、结构可任意选择、美观耐用以及质优价惠等多种优点，成为企业广告宣传的一种重要形式。广告伞可方便企业在伞身打上 Logo、企业广告等宣传元素。

3.5.2　项目设计

　　根据 3.2 节中设计的标志，设计配套应用。广告伞中沿用名片中设计的辅助图形祥云，符合标志含义，与标志主体图形吻合。颜色秉承标志黄色系风格，整体统一。广告伞设计中要将企业标志安排在中心位置。本项目使用 Illustrator 软件制作。

3.5.3　项目实施

　　1　在文件下拉菜单中创建一个新文件，页面设置为 A4，单位为毫米，根据需要可选横向或纵向，颜色模式为 CMYK，如图 3-64 所示。

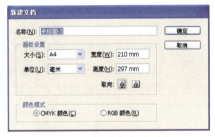

图 3-64　新建文档对话框

　　2　选择工具箱中的多边形工具 ，做一个正八边形，线条颜色为黄色，具体设置如图 3-65 所示。

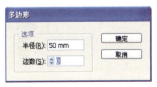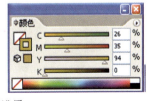

图 3-65　八边形形状及颜色设置

　　3　选择八边形，选择菜单"滤镜／扭曲／收缩和膨胀"命令，设置收缩数值为 -8，效果如图 3-66 所示。

　　4　选择工具箱中的直线工具 ，将八边形对角连接起来，效果如图 3-67 所示。

图 3-66　收缩和膨胀滤镜设置　　　　　图 3-67　直线位置及方向

5　全选上一步画好的八边形和直线，选择工具箱中的实时上色工具█，每隔一个空白色块则填充黄颜色，在要填充的区域单击，即完成一个色块的填充，如图3-68所示。

6　复制 3.2 节方案中绘制的标志，按组合键 Ctrl + V，粘贴到当前文档，如图3-69位置。

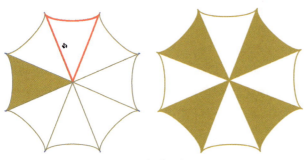

图 3-68　实时上色效果　　　　　　　　　　图 3-69　标志大小及位置

7　复制上一节方案中绘制的祥云辅助图形，按组合键 Ctrl + V，粘贴到当前文档，把祥云图形复制并且缩放排列，移动到广告伞黄色区域，效果如图3-70所示。

8　选择工具栏中的路径选择工具█，选择一块黄色区域复制并置于顶层排列，同时选择祥云单击右键创建剪切蒙版，效果如图3-71所示。

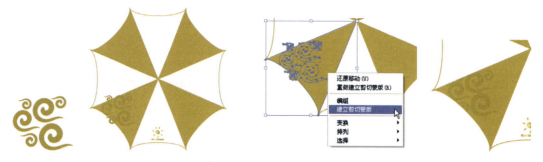

图 3-70　祥云大小及位置　　　　　　　　　　图 3-71　建立剪切蒙版

9　将祥云辅助图形旋转复制一周，最终效果如图3-72所示。

图 3-72　阳光公司广告伞最终效果

实训要点

Illustrator 中，标尺、参考线的使用方法；

Illustrator 中，剪切蒙版的使用方法；

Illustrator 中，实时上色工具 的使用方法。

3.6 企业视觉识别系统服装应用项目拓展练习

图 3-73 企业视觉识别系统服装应用项目拓展练习

工具提示：钢笔工具、实时上色工具和建立剪切蒙版。

制作提示：以领带为例，首先用钢笔工具勾出一个领带图形的路径，然后将3.4节里面制作的祥云辅助图形复制粘贴进来，将辅助图形复制排列覆盖至整条领带，最后用选择工具选择领带图形复制并且至于顶层。将有图形选择建立剪切蒙版。

第4章
产品包装设计与制作

4.1 包装设计概述

　　包装设计是指选用合适的包装材料，运用巧妙的工艺手段，为包装商品进行的容器结构造型和包装的美化装饰设计。图 4-1 是 Epica 大赛包装设计获奖作品。

图 4-1　Epica　大赛包装设计获奖作品

4.1.1　外形要素

　　外形要素就是商品包装的外形，包括展示面的大小、尺寸和形状。日常生活中见到的形态有三种，即自然形态、人造形态和偶发形态。在研究产品的形态构成时，必须找到一种适用于任何性质的形态，即把共同的规律性的东西抽出来，也称之为抽象形态。

在考虑包装设计的外形要素时，必须从形式美法则的角度去认识它。按照包装设计的形式美法则结合产品自身功能的特点，将各种因素有机、自然地结合起来，以求得完美统一的设计形象，参见图 4-2。包装外形要素的形式美法则主要从以下八个方面加以考虑：对称与均衡法则、安定与轻巧法则、对比与调和法则、重复与呼应法则、节奏与韵律法则、比拟与联想法则、比例与尺度法则和统一与变化法则。

图 4-2　2008 Pentawards 包装设计奖获奖作品

4.1.2　构图要素

构图是将商品包装展示面的商标、图形、文字和组合排列在一起的一个完整画面。这四方面的组合构成了包装装潢的整体效果。将商品设计构图要素——商标、图形、文字和色彩的运用得正确、适当、美观，就可称为优秀的设计作品，如图 4-3 所示。

图 4-3　2008 Pentawards 包装设计奖获奖作品

图 4-3　2008 Pentawards 包装设计奖获奖作品（续）

1.　商标设计

商标是一种符号，它是企业、机构、商品和各项设施的象征形象。商标的特点是由它的功能、形式决定的。它要将丰富的内容以更简洁、更概括的形式，在相对较小的空间里表现出来，同时能使观察者在较短的时间内理解其内在的含义。商标一般可分为三种形式，文字商标、图形商标以及文字图形相结合的商标。一个成功的商标设计，应该是创意表现有机结合的产物。创意是根据设计要求，对某种理念进行综合、分析、归纳、概括，通过哲理的思考，化抽象为形象，将设计概念由抽象的评议表现逐步转化为具体的形象设计。

2.　图形设计

包装的图形主要指产品的形象和其他辅助装饰形象等。图形作为设计的语言，就是要把形象的内在、外在的构成因素表现出来，以视觉形象的形式把信息传达给消费者。要达到此目的，图形设计的定位准确是非常关键的。定位的过程是熟悉产品全部内容的过程，其中包括商品的性质、商标、品名的含义及同类产品的现状等诸多因素。

图形就其表现形式可分为实物图形和装饰图形。

实物图形：采用绘画手法、摄影写真等方式来表现。绘画是包装装潢设计的主要表现形式，根据包装整体构思的需要绘制画面，为商品服务。与摄影写真相比，它具有取舍、提炼和概括自由的特点。绘画手法直观性强，欣赏趣味浓，是宣传、美化、推销商品的一种手段。然而，商品包装的商业性决定了包装设计应突出表现商品的真实形象，要给消费者直观的形象，所以用摄影表现真实、直观的视觉形象是包装装潢设计的最佳表现手法。

装饰图形：分为具象和抽象两种表现手法。具象的人物、风景、动物或植物的纹样都可以作为象征性图形用来表现包装的物品及属性。抽象的手法多用于写意，采用抽象的点、线、面的几何形纹样、色块或肌理效果构成画面，简练、醒目，具有形式感，是包装装潢的主要表现手法。通常，具象形态与抽象表现手法在包装装潢设计中不是孤立的，而是相互结合的。

内容和形式的辩证统一是图形设计中的普遍规律，在设计过程中，根据图形内容的需要，选择相应的图形表现技法，使图形设计达到形式和内容的统一。创造出反映时代精神、民族风貌的适用的、经济的、美观的装潢设计作品是包装设计者的基本要求。

3. 色彩设计

色彩设计在包装设计中占据重要的位置。色彩是美化和突出产品的重要因素。包装色彩的运用是与整个画面设计的构思、构图紧密相连的。包装色彩要求平面化，这是对色彩的过滤、提炼的高度概括。以人们的联想和色彩的习惯为依据，进行高度的夸张和变色是包装艺术的一种手段。

包装设计中的色彩要醒目，对比要强烈，应具有较强的吸引力和竞争力，以唤起消费者的购买欲望，促进销售。例如，食品类常用鲜明丰富的色调，以暖色为主，突出食品的新鲜、营养和味觉；医药类常用单纯的冷、暖色调；化妆品类常用柔和的中间色调；小五金、机械工具类常用蓝、黑及其他沉着的色块，以表示坚实、精密和耐用的特点；儿童玩具类常用鲜艳夺目的纯色和冷暖对比强烈的各种色块，以符合儿童的心理和爱好；体育用品类多采用鲜明响亮色块，以增加活跃、运动的感觉……总之不同的商品有不同的特点与属性，设计者要研究消费者的习惯、爱好以及国际、国内流行色的变化趋势，不断提高色彩的社会学和消费者心理学意识。

4. 文字设计

文字是传达思想、交流感情和信息、表达某一主题内容的符号。商品包装上的牌号、品名、说明文字、广告文字以及生产厂家、公司或经销单位等，反映了包装的本质内容。设计包装时必须把这些文字作为包装整体设计的一部分来统筹考虑。

包装设计中文字设计的要点有：文字内容简明、真实、生动、易读、易记；字体设计应反映商品的特点、性质、有独特性，并具备良好的识别性和审美功能；文字的编排与包装的整体设计风格应和谐。

4.1.3 材料要素

材料要素是商品包装所用材料表面的纹理和质感。它往往影响到商品包装的视觉效果。利用不同材料的表面变化或表面形状可以达到商品包装的最佳效果。包装用材料，无论是纸类材料、塑料材料、玻璃材料、金属材料、陶瓷材料、竹木材料以及其他复合材料，都有不同的质地肌理效果。运用不同材料，并妥善地加以组合配置，可给消费者新奇、冰凉或豪华等不同的感觉。材料要素是包装设计的重要环节，它直接关系到包装的整体功能、经济成本、生产加工方式及包装废弃物的回收处理等多方面的问题，如图 4-4 所示。

Photoshop & Illustrator
平面设计基础与实训

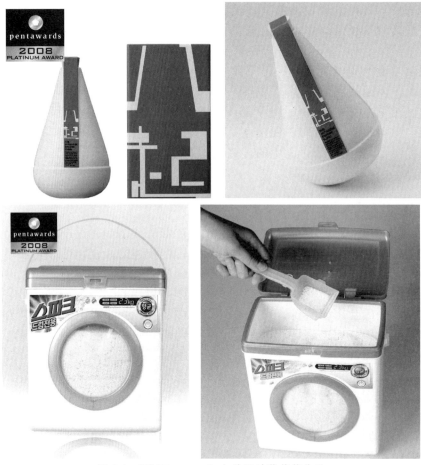

图 4-4　2008 Pentawards 包装设计奖获奖作品

4.2　洗发水包装设计与制作

图 4-5　洗发水包装

4.2.1　项目构思

1.　前期调研

　　HENGO 集团成立以来，始终坚持诚信、品质、分享的经营理念，致力为广大消费者提供优质的日化用品。产品涵盖洗发护发、清洁沐浴、肌肤护理、口腔护理、日用洗涤等多个领域，并且在各自的领域内取得了一座座丰碑。集团已全面建成集科研、生产、办公、生活为一体的两大生产基地，占地面积 180 多亩，建筑面积 12 万多平方米。HENGO 坚持以卓越品质铸造强势品牌，实施多品牌战略发展，做专做强，打造百年基业，为美化人们的生活不懈努力。

2.　项目分析

　　本项目是为 HENGO 集团旗下一款近期上市的洗发水做包装设计。总体思路为产品外形要美观，应符合形式美法则，材质为常用的塑料材质，颜色为柔和的中间色调，能形成系列包装。

　　按公司提出的要求，将瓶身设计为"瘦腰"型，颜色为柔和的中间色调并且能形成系列包装。

3.　项目资料收集

　　根据前期调研和项目分析确定了设计风格，在接下来的工作中查找与设计风格相关的资料，如图 4-6 所示。本项目使用 Photoshop 软件制作。

图 4-6　资料收集

4.2.2　项目设计

1.　项目颜色设定

图 4-7　项目颜色设定

2. 项目设计流程

图 4-8　项目设计流程图

▌4.2.3　项目实施

1. 洗发水包装制作

① 在 Photoshop 文件下拉菜单中创建一个新文件，页面设置为 210×297，单位为毫米，分辨率 300 像素／英寸，颜色模式为 RGB 颜色，如图 4-9 所示。

② 选择工具箱中的圆角矩形工具，圆角半径设置为 50 px。用添加锚点工具，在矩形的左右边和上面边添加锚点。用直接选择工具，调整锚点位置，效果如图 4-10 所示。

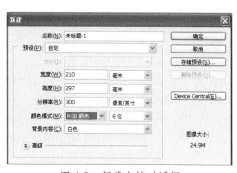

图 4-9　新建文档对话框

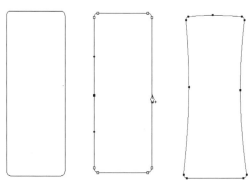

图 4-10　瓶身制作路径

③ 在图层面板新建一个图层，按 Ctrl + Enter 键将路径转换为选区。选择渐变工具水平拖拽填充渐变，具体设置如图 4-11 所示。

④ 保留上一步得到的选区并且在图层面板中新建一个图层，选择矩形选框工具，在选项栏中选择从选区减去按钮，将选区减去只剩左侧部分，如图 4-12 所示。

⑤ 给上一步得到的选区填充渐变，颜色设置如图 4-13 所示，进行水平拖拽，将背景填充为深灰色，便于我们观察瓶子的光感。

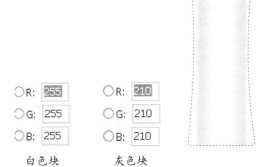

R: 255
G: 255
B: 255
白色块

R: 210
G: 210
B: 210
灰色块

图 4-11　渐变颜色设定

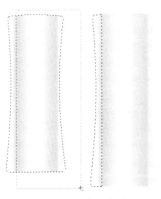

图 4-12　选区相减

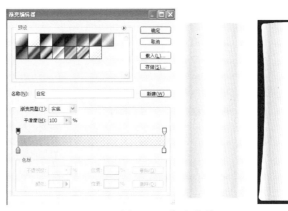

图 4-13　渐变效果

⑥　选择矩形选框工具▢画瓶颈下部，填充渐变颜色▢设置如图 4-14 所示。

图 4-14　瓶颈下半部分效果

⑦　将瓶颈下部图层调换到瓶身图层的下面，交代好瓶颈、瓶身的前后关系，如图 4-15 所示。

图 4-15　图层调整

8　选择矩形选框工具 画瓶颈下部上的装饰圈，填充渐变颜色设置如图 4-16
所示。

图 4-16　装饰圈制作效果

9　选择矩形选框工具 画瓶颈中部和瓶颈上部，水平拖拽填充渐变，颜色设置
如图 4-17 所示。

图 4-17　瓶颈中部和瓶颈上部制作效果

10　用钢笔工具 勾画出压嘴的形状，按 Ctrl + Enter 键将路径转换为选区。选
择渐变工具 填充渐变，水平拖拽填充渐变，具体设置如图 4-18 所示。

[11] 选择工具栏中的文字工具 [T] 输入文字，再进行文字编排和颜色设定，直到得到满意效果，如图 4-19 所示。

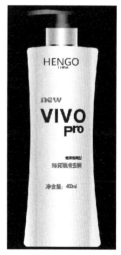

图 4-18 压嘴形状及颜色   图 4-19 文字编排和颜色设定

[12] 在图层面板中创建一个新图层，选择矩形选框工具 [ ] 在整个瓶子中间画一个矩形选区，水平拖拽填充渐变，制作出洗发水瓶的高光效果，如图 4-20 所示。

图 4-20 高光效果

2. 形成系列包装风格设计

[1] 将上一步做出的洗发水包装形成系列包装风格。先将文件另存为 .psd 格式，将除背景以外的所有图层按 Shift 键全部选择合并为一个图层，如图 4-21 所示。

[2] 将图像逆时针旋转 90 度，按组合键 Ctrl + T 自由变换，将洗发水瓶逆时针旋转 90 度，按 Enter 键确定自由变换结果，如图 4-22 所示。

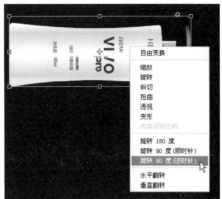

图 4-21　图层合并　　　　　　　　　　　　　　图 4-22　自由变换

③　选择工具箱的移动工具 ，同时按住 Alt 键拖拽洗发水瓶，复制出三个新的图层，分别对其颜色进行调整。具体方法是选择菜单"图像 / 调整 / 色相 / 饱和度"命令，在弹出的对话框中，可以分别对色相、饱和度、明度进行调节，得到多种不同颜色的系列包装，如图 4-23 所示。

图 4-23　系列包装形成

实训要点

Photoshop 中，钢笔工具 的灵活应用；

Photoshop 中，渐变工具 的灵活应用；

Photoshop 中，选框工具 的灵活应用；

Photoshop 中，图像调整的运用。

4.3　手机包装设计与制作

图 4-24　手机包装盒效果

4.3.1　项目构思

1．前期调研

苹果公司，全称苹果股份有限公司，原称苹果电脑（Apple Computer），在 2007 年 1 月 9 日于旧金山的 Macworld Expo 上宣布改名。总部位于美国加利福尼亚的库比提诺，核心业务是电子科技产品，目前全球电脑市场占有率为 3.8%。2007 年，苹果推出了 iPhone，一个结合了 iPod 和手机功能的科技产品，它也是一个上网工具和流动电脑。

2．项目分析

本项目是为苹果公司新上市的 iPhone 设计包装盒，其设计理念是简洁明了的风格，突出手机绚丽的主题，颜色以黑色为主。

4.3.2　项目设计

1．项目资料收集

根据前期调研和项目分析确定了设计风格，在接下来的工作中查找与设计风格相关的资料，如图 4-25 所示。本项目使用 Photoshop 软件制作。

图 4-25　资料收集

2. 项目设计流程

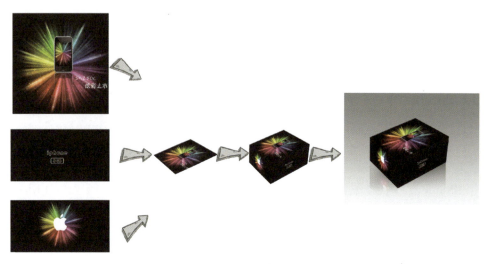

图 4-26　项目设计流程图

4.3.3　项目实施

1. 包装盒正面设计与制作

　　1　在 Photoshop 文件下拉菜单中创建一个新文件，页面设置为 290×290，单位为毫米，分辨率 300 像素 / 英寸，颜色模式为 RGB 颜色，如图 4-27 所示。

2　将前景色设置为黑色，按组合键 Alt + Delete 将黑色填充在背景图层上，如图 4-28 所示。

图 4-27　新建文档对话框

图 4-28　设置前景色

3　把渐变素材文件打开，用裁剪工具 将裁剪的高度和宽度都设定为 45 厘米，在渐变素材上裁出正方形，如图 4-29 所示。

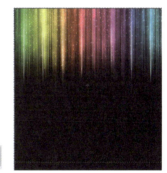

图 4-29　裁切渐变素材

4　给渐变文件添加扭曲效果，选择菜单"滤镜/扭曲/极坐标"命令，用移动工具将扭曲后的文件拖拽到新建文件中，图层命名为渐变，如图 4-30 所示。

5　将渐变图层复制，复制出的新图层命名为屏幕渐变，将指示图层可见性的小眼睛图标 关掉，屏幕渐变图层备用，如图 4-31 所示。

图 4-30　极坐标滤镜效果

图 4-31　图层顺序

6　给渐变图层再添加一层滤镜效果，选择菜单"滤镜/扭曲/玻璃"命令，为了效果更好按组合键 Ctrl + F 重复玻璃滤镜，如图 4-32 所示。

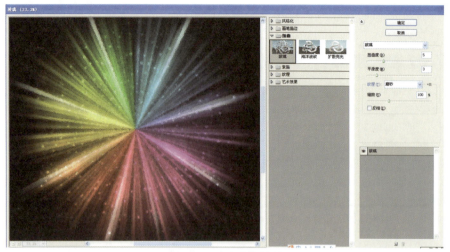

图 4-32　玻璃滤镜效果

7　调整渐变图层的颜色，选择菜单"图像/调整/色相/饱和度"命令，在弹出的对话框中调整饱和度，如图 4-33 所示。

8　将手机素材打开，拖拽到新建文件中，用魔棒工具将手机屏幕部分选中，按 Delete 键删除，按组合键 Ctrl + D 取消选区，效果如图 4-34 所示。

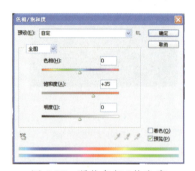

图 4-33　调整色相/饱和度

图 4-34　删除素材中黑色屏幕

9　将屏幕渐变层的小眼睛图标打开，按组合键 Ctrl + T 自由变换，用鼠标配合 Shift 键等比例缩小，调整好大小及位置之后双击鼠标确认，效果如图 4-35 所示。

10　选择手机图层，用魔棒工具选择手机屏幕位置得到选区，按组合键 Ctrl + Shift + I 将选区反选，如图 4-36 所示。

图 4-35　调整手机彩屏大小

图 4-36　选区反选后效果

11　保持选区不变，在屏幕渐变层按 Delete 键将多余的渐变删除，按组合键 Ctrl ＋D 取消选区，效果如图 4-37 所示。

图 4-37　删除多出的区域

12　制作手机倒影，将手机图层复制命名为倒影，按组合键 Ctrl ＋ T 自由变换，单击鼠标右键选择垂直翻转，调整好位置之后双击鼠标确认，如图 4-38 所示。

13　给倒影图层添加蒙版，将渐变 调成由黑到白的渐变，在图层蒙版上由下向上拖拽，效果如图 4-39 所示。

图 4-38　倒影位置

图 4-39　制作倒影方法

14　选择文字工具 T 输入文字，具体设置如图 4-40 所示。

图 4-40　文字排版

85

2. 包装盒侧面设计与制作

1 在 Photoshop 文件下拉菜单中创建一个新文件，页面设置为 290×145，单位为毫米，分辨率 300 像素／英寸，颜色模式为 RGB 颜色，如图 4-41 所示。

2 将前景色设置为黑色，按组合键 Alt + Delete 将黑色填充在背景图层上，如图 4-42 所示。

3 将手机包装正面设计文件打开，单击渐变图层用移动工具配合 Alt 键，复制渐变图层拖拽到新建文件中，如图 4-43 所示。

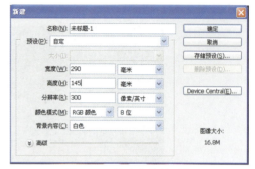

图 4-41　新建文档对话框

图 4-42　设置前景色

图 4-43　复制渐变图层

4 单击渐变图层并按组合键 Ctrl + T 自由变换，按住 Shift 键拖拽等比例缩放，如图 4-44 所示。

图 4-44　调整渐变大小

5 将 apple 标志素材打开，用魔术棒工具选择苹果图形，如图 4-45 所示。

6 用移动工具将 apple 标志拖拽到新建的手机侧面文件中，调整大小及位置，如图 4-46 所示。

图 4-45　选取标志

图 4-46　调整标志位置及大小

7　重复第 1 步、第 2 步制作包装盒的另一个侧面，输入文字如图 4-47 所示。

图 4-47　文字排版效果

3.　手机包装效果图设计与制作

1　在 Photoshop 文件下拉菜单中创建一个新文件，页面设置为 290×145，单位为毫米，分辨率 300 像素 / 英寸，颜色模式为 RGB 颜色，如图 4-48 所示。

2　在背景层上填充渐变 ，设置如图 4-49 所示，选择线性渐变纵向拖拽。

图 4-48　新建文档对话框

图 4-49　渐变设置效果

3　将包装盒正面文件打开，拖拽到新建文件中，按组合键 Ctrl + T 自由变换，单击鼠标右键斜切命令，调整如图 4-50 效果。

4　将包装盒侧面文件依次打开并拖拽到新建文件中，重复上一步方法，调整效果如图 4-51 所示。

图 4-50　自由变化效果　　　　　　　　　　　图 4-51　调整完效果

5　制作投影，将侧面 1 图层复制命名为投影 1，按组合键 Ctrl + T 自由变换，单击鼠标右键垂直翻转命令，调整效果如图 4-52。

6　给投影 1 图层添加蒙版，在蒙版上填充渐变，设置如图 4-53，选择线性渐变纵向拖拽，效果如图 4-53 所示。

图 4-52　投影制作方法　　　　　　　　　　　图 4-53　添加图层蒙板

7　重复上两步制作，将投影 2 制作出来，效果如图 4-54 所示。

8　手机包装效果图制作全部完成，如图 4-55 所示。

图 4-54　投影制作效果　　　　　　　　　　　图 4-55　手机包装效果图最终效果

实训要点

Photoshop 中，滤镜的灵活应用；

Photoshop 中，蒙版的使用方法；

Photoshop 中，自由变换的灵活应用。

4.4 葡萄汁包装设计项目拓展练习

图 4-56 葡萄汁包装设计项目拓展练习

　　美国 W 公司是全球领先的葡萄制品销售商，该公司的饮料品牌是全世界消费者所认可的品牌，产品选用马萨诸塞州康科德培育的独特葡萄品种。该公司的葡萄汁饮料为 W 公司推出的夏季新产品，在进入中国市场时，为了适应中国人的饮食习惯，充分考虑到了本地口味，是一批经过中国消费者广泛试验品尝后开发成功的最受市场欢迎的产品，该款碳酸饮料口味定位人群为年轻时尚的 80、90 后，因此产品包装的设计风格及色彩定位为时尚、青春、阳光、活力、自然。

　　工具提示：钢笔工具、渐变工具和图像调整。

　　制作提示：首先在 Illustrator 中用钢笔将葡萄粒和角色制作好，然后在 Photoshop 中用钢笔和渐变工具将包装瓶制作好，最后将葡萄粒和角色拖拽到包装瓶文件合成，进行图像调整。

第5章
招贴设计与制作

5.1　招贴设计概述

5.1.1　招贴设计

　　招贴也称海报，通常指单张形式、可张贴的印刷广告，它是最古老的广告形式之一。其优点是：传播信息及时，成本费用低，制作简便。

　　招贴可分为公共招贴和商业招贴两大类。公共招贴以社会公益性问题为题材，例如纳税、戒烟、计生优生、竞选、招标和招聘、义务献血、交通安全、环境与资源保护、世界和平、文体活动宣传、会议宣传等，如图 5-1 所示。商业招贴则以直接宣传企业形象、促销商品及商业服务，满足消费者需要等内容为题材，例如产品形象宣传、品牌形象宣传、企业形象宣传；商业会展、交通、邮政和电信服务及金融信贷服务；产品信息和销售信息等，如图 5-2、5-3 所示。随着广告媒介越来越多样化的发展，招贴的首席宣传效率地位早已被夺去。但是在市场经济日益发展的今天，作为一种直接而自由的广告形式，商业招贴还是占有一席之地的。

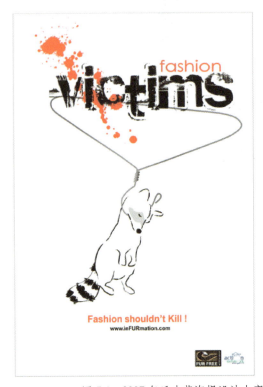
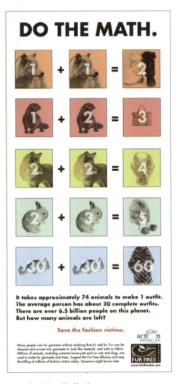

图 5-1　2007 年反皮草海报设计大赛（加拿大）获奖作品

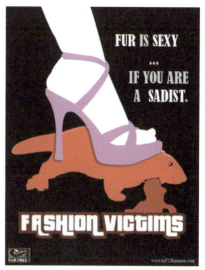

图 5-1　2007 年反皮草海报设计大赛（加拿大）获奖作品（续）

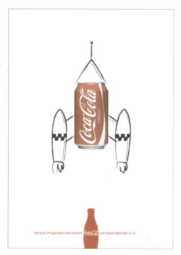

图 5-2　可口可乐公司 2007 年招贴

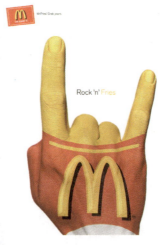

图 5-3　麦当劳公司宣传招贴

　　招贴广告通常以广告插图为主要表现手段，有时甚至只有一个标题而不用广告正文。所以，招贴广告的标题设计尤为重要，应能起到画龙点睛的作用。招贴广告的标题既要醒目，又要和招贴的画面风格统一、相得益彰。

　　图形的视觉语言是通过形象、色彩和它们之间的组合关系来表达特定的含义的。在招贴广告插图中，设计师正是运用这些视觉要素来传达信息和理念的。

5.1.2　招贴设计特征

1.　画面大

　　招贴不是捧在手上的设计，它是要张贴在热闹场所，因此它容易受到周围环境和各种因素的干扰，所以必须用大画面，图形大，字体也大，适宜黑体及突出的形象和色彩。其画面有全开、对开、长三开、特大画面等（八张全开壁报式等）。

2. 远视强

招贴的功能是为了使来去匆忙的人们留下印象，除了面积大之外，招贴设计还要充分体现定位设计的原理，以突出的商标、标志、标题、图形，对比强烈的色彩，或大面积空白以及简练的视觉流程等形式成为视觉焦点。如果就形式上区分广告与其他视觉艺术的不同，招贴可以说更具有广告的典型性。

3. 兼具性

设计与绘画的区别，在于设计是客观传达的，绘画是主观欣赏的，而招贴是融合设计和绘画的媒体。

4. 重复性

招贴在指定的场合能随意张贴，既可张贴一张，也可重复张贴数张，实现密集型的强传达功效，如图 5-4 所示。

5. 艺本性高

就招贴的整体而言，它包括了商业和非商业方面的种种广告。就每张招贴而言，其针对性很强。商业中的商品招贴以具有艺术表现力的摄影、造型写实的绘画和漫画形式表现较多，给消费者留下真实感人的画面和富有幽默情趣的感受。而非商业性的招贴，内容广泛、形式多样，艺术表现力丰富。特别是文化艺术类的招贴画，根据广告主题，可充分发挥想像力，尽情施展艺术手段。许多追求形式美的画家都积极投身到招贴画的设计中，并且在设计中用自己的绘画语言，设计出风格各异、形式多样的招贴画。不少现代派画家的作品就是以招贴画的面目出现的，美术史上也曾留下了诸多精彩的轶事和生动的画作，图 5-4 为一系列优秀海报。

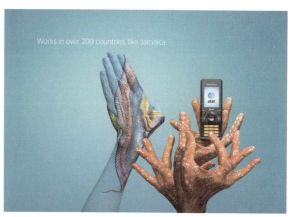

图 5-4 系列招贴

5.2 地产招贴设计与制作

图 5-5　地产招贴

5.2.1　项目构思

1.　前期调研

　　尊皇高尔夫房地产开发有限公司坚持以地产开发推动中国城市化进程，开发了一系列超大型社区和居住新镇，已拥有约 20 万客户，传播着先进的生活理念与生活方式。2002 年正式开始全国化布局，"扎根上海，拓展全国"，相继进入武汉、南京、马鞍山、沈阳、大连、西安、烟台、海口等城市，逐步树立起推进中国城市化进程的优秀地产品牌。尊皇高尔夫房地产开发有限公司一直致力于市场细分研究，注重产品结构深化，开发了包括住宅、商铺、写字楼为基线的多条产品线，形成了专业化和多元化的格局，充分满足不同层次客户的需求。

2. 项目分析

本次设计的楼盘招贴为尊皇高尔夫房地产开发有限公司在大连开发的第一个楼盘，其定位为中高收入阶层，户型均为 130 平米至 200 平米的大户型，主要表现的是"尊贵显赫，皇者风范"的宣传理念，如图 5-6 所示。

图 5-6　设计思路联想图

3. 项目资料收集

根据前期调研和项目分析确定了设计风格，在接下来的工作中查找与设计风格相关的资料，如图 5-7 所示。

图 5-7　项目资料收集

5.2.2　项目设计

根据公司宣传和产品的销售对象的定位，设计方案为表现奢华的楼盘气质和绿化率达到 50% 的周边环境。在素材选择上使用高贵、华丽的古典沙发和高质量的草地，在颜色选择上采用高贵的紫色、悦目的绿色和清新的蓝色。本项目使用 Photoshop 软件制作。

1.　项目颜色设定

| C 59 M 23 Y 93 K 0 | C 74 M 18 Y 15 K 0 | C 61 M 89 Y 50 K 9 | C 100 M 89 Y 42 K 6 | C 33 M 51 Y 86 K 0 |

图 5-8　项目颜色设定

2.　项目设计流程

图 5-9　项目设计流程图

5.2.3　项目实施

1　在 Photoshop 文件下拉菜单中创建一个新文件，页面设置为 210×297，单位为毫米，分辨率为 300 像素 / 英寸，颜色模式为 CMYK 颜色，如图 5-10 所示。

2　在图层面板新建图层，填充渐变颜色，如图 5-11 所示。

图 5-10　新建文档对话框　　　　　　　　　图 5-11　渐变效果

3　将素材文件夹中的云文件打开，拖拽到渐变图层上面命名为云，将云图层混合模式更改为叠加混合模式，如图 5-12 所示。

图 5-12　云图层设置方法

4　给云图层添加图层蒙版，选择工具栏中的画笔工具，设置柔边画笔，颜色为灰色，在云图层边缘涂抹，将云与渐变融合为天空效果，如图 5-13 所示。

5　将素材文件夹中的草地 2 文件打开，拖拽到云图层上面命名为草地 2，用魔棒工具选择白色区域，按 Delete 键删除，如图 5-14 所示。

图 5-13　处理云图层　　　　　　　　　图 5-14　草地素材图

6　调整草地 2 的大小和位置，如图 5-15 所示。

7　将素材文件夹中的草地 1 文件打开，拖拽到云图层上面命名为草地 1，给草地 1 图层添加图层蒙版，选择工具栏中的画笔工具，设置柔边画笔，颜色为灰色，在云图层边缘涂抹，将草地 1 与草地 2 制作出层次感，如图 5-16 所示。

图 5-15　草地位置及大小　　　　　　　　图 5-16　草地素材叠加

8　将素材文件夹中的树文件和建筑文件依次打开，图层顺序如图 5-17 所示。

9　建筑图层复制，按组合键 Ctrl + T 自由变换水平翻转，复制出镜像的建筑放在画面左侧，调整大小，如图 5-18 所示。

图 5-17　建筑素材大小及位置　　　　　　　图 5-18　对称建筑效果

10　将素材文件夹中的地板文件打开，拖拽到新建文件中，按组合键 Ctrl + T 自由变换，单击鼠标右键选择透视，调整地板的透视效果，如图 5-19 所示。

11　将素材文件夹中的沙发文件打开，拖拽到新建文件中，按组合键 Ctrl + T 自由变换，调整其大小和位置，如图 5-20 所示。

图 5-19　地板透视效果　　　　　　　　图 5-20　沙发素材大小及位置

12　用矩形选框工具在沙发下面画出一个选区，按组合键 Ctrl + J 复制出一小块地板，给这个图层命名为高光，选择菜单"图像 / 调整 / 亮度 / 对比度"命令，在弹出的对话框中，调整设置如图 5-21 所示，用橡皮工具涂抹边缘，让图像更融合。

图 5-21　调整沙发素材颜色

13　新建一个图层，用画笔工具，设置柔边画笔，颜色为灰色，给沙发画投影，如图 5-22 所示。

14　将素材文件夹中的 golfer 文件打开，拖拽到新建文件中，调整位置及大小，如图 5-23 所示。

15　新建一个图层，用矩形选框工具在画面下方画出一个选区，将其填充白色，如图 5-24 所示。

图 5-22　沙发投影效果

图 5-23　高尔夫素材大小及位置

图 5-24　矩形区域位置

16　将素材文件夹中的标志文件打开，拖拽到新建文件中，用文字工具将项目地址等信息输入，如图 5-25 所示。

17　用文字工具，在画面上半部分输入文字，将文字图层全部选择，选择移动工具单击水平居中按钮，让文字居中对齐，完成地产招贴设计，如图 5-26 所示。

图 5-25　文字排版　　　　　　　　　　图 5-26　地产招贴最终效果

实训要点

Photoshop 中，自由变换工具的灵活运用；

Photoshop 中，图层蒙版的使用方法；

Photoshop 中，文字排版技巧。

5.3　先后设计工作室宣传招贴设计与制作

图 5-27　先后设计工作室宣传招贴

5.3.1 项目构思

1. 前期调研

某学院视觉传达设计专业方向下设的先后设计工作室，依托数字艺术系艺术设计专业教育管理团队力量，以制作电子杂志为主要业务，以品牌设计、广告设计、网页设计、移动媒体设计为辅助业务，并开展课程实践活动。现每月在学院内网上发布《搜罗》电子杂志一期，学院师生反响很好。

2. 项目资料收集

根据前期调研和项目分析确定了设计风格，在接下来的工作中查找与设计风格相关的资料，如图 5-28 所示。本项目使用 Photoshop 软件制作。

图 5-28 项目资料收集

5.3.2 项目设计

项目设计流程

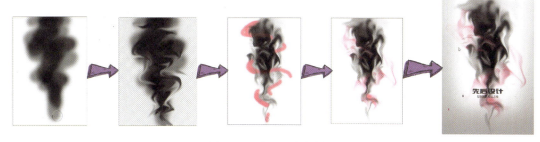

图 5-29 项目设计流程图

5.3.3 项目实施

1 在 Photoshop 文件下拉菜单中创建一个新文件，页面设置为 210×297，单位为毫米，分辨率 300 像素 / 英寸，颜色模式为 RGB 颜色，如图 5-30 所示。

图 5-30　新建文档对话框

$\boxed{2}$　选择画笔工具中的柔角画笔，将直径调整为 450px，在"透明度"选项中将透明度调整为 50%，画笔设置如图 5-31 所示。

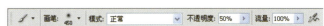

图 5-31　画笔设置

$\boxed{3}$　在新建图层上绘制，效果如图 5-32 所示。

$\boxed{4}$　给图层添加滤镜效果，选择菜单"滤镜 / 液化"命令，在工具选项中将画笔大小调整为 200，在视图窗口对所画图形进行液化，效果如图 5-33 所示。

图 5-32　画笔绘制效果　　　　　　　　　　图 5-33　液化效果

$\boxed{5}$　选择画笔工具中的柔角画笔，将直径调整为 160px，在"透明度"选项中将透明度调整为 25%，画笔设置如图 5-34 所示。

图 5-34　画笔设置

6　在新建图层上绘制红色部分，颜色设置如图 5-35 所示。

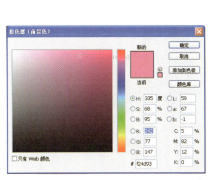

图 5-35　颜色设置

7　给粉色图层添加滤镜效果，选择菜单"滤镜/液化"命令，在工具选项中将画笔大小调整为 200，在视图窗口对所画图形进行液化，效果如图 5-36 所示。

8　反复进行液化调整，最终效果如图 5-37 所示。

图 5-36　液化效果

图 5-37　调整后效果

9　制作阴影部分，选择渐变工具在新建图层填充渐变，具体设置如图 5-38 所示。

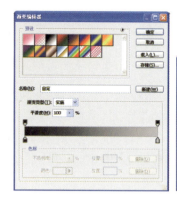  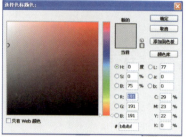

图 5-38　渐变设置

10　在渐变选项中选择线性渐变，在新图层上由下向上拖拽，效果如图 5-39 所示。

图 5-39　渐变效果

11　选择橡皮工具中的柔角画笔，画笔大小调整为 700px，将透明度调整为 70%，将覆盖在主体上的阴影擦去，画笔设置如图 5-40 所示。

图 5-40　画笔设置

12　选择文字工具，输入主体文字，设置如图 5-41 所示。

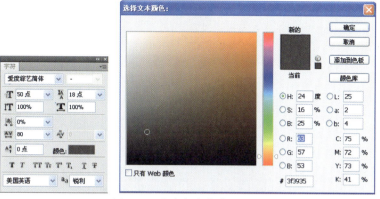

图 5-41　文字颜色与字号设置

13　按照上述方法输入下方小字，设置如图 5-42 所示。

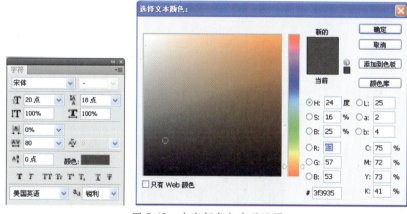

图 5-42　文字颜色与字号设置

14　选择移动工具，按住 Shift 键将两个文字图层选中，选择居中对齐选项，将文字对齐，如图 5-43 所示。

图 5-43　文字排版效果

15　先后工作室宣传招贴制作完成，效果如图 5-44 所示。

图 5-44　先后工作室宣传招贴最终效果

实训要点

Photoshop 中，液化滤镜的应用；

Photoshop 中，柔角画笔![icon]的运用。

5.4　先后设计工作室宣传招贴设计项目拓展练习

图 5-45　拓展练习

工具提示： 钢笔工具、文字工具。

制作提示： 首先将背景颜色填充为渐变红色，然后在 Illustrator 中用钢笔将云和闪电制作好，最后将文字进行排版。

第6章

书籍封面设计与制作

6.1 书籍封面设计概述

6.1.1 封面设计

封面是装帧艺术的重要组成部分，犹如音乐的序曲，是把读者带入内容的向导。封面设计中要遵循平衡、韵律与调和的造型规律，突出主题，大胆设想，运用构图、色彩、图案等知识，设计出比较完美、典型，富有情感的封面。图 6-1 是美国设计师 Sean Ball 的书籍设计作品。

图 6-1 美国设计师 Sean Ball 书籍设计作品

6.1.2 封面设计的构思

首先应该明确表现的形式要为书的内容服务，用最感人、最形象、最易被视觉接受的表现形式表达内容，所以封面的构思就显得十分重要，要充分理解书稿的内涵、风格、体裁等，做到构思新颖、切题，有感染力。构思的过程与方法大致可以有以下几种方法。

（1）想像。想像是构思的基点，想像以造型的知觉为中心，能产生明确的有意味的形象。我们所说的灵感，也就是知识与想像的积累与结晶，它对设计构思是一个开窍的源泉。

（2）舍弃。构思的过程往往"叠加容易，舍弃难"，构思时往往想得很多，堆砌得很多，对多余的细节不忍舍弃。

（3）象征。象征性的手法是艺术表现最得力的语言，用具象形象来表达抽象的概念或意境，也可用抽象的形象来意喻具体的事物，都能为人们所接受。

（4）探索创新。流行的形式、常用的手法和俗套的语言要尽可能避开不用；熟悉的构思方法、常见的构图，习惯性的技巧都是创新构思表现的大敌。构思要新颖，就需要不落俗套、标新立异。想要获得创新的构思就必须有孜孜不倦的探索精神。

6.1.3　封面的文字设计

封面文字中除书名外，均应选用印刷字体，这里主要介绍书名的字体。常用于书名的字体分三大类：书法体、美术体、印刷体。

1.　书法体

书法体笔划间追求无穷的变化，具有强烈的艺术感染力、鲜明的民族特色和独特的个性，且字迹多出自社会名流之手，具有名人效应，受到广泛的喜爱，如图6-2所示。

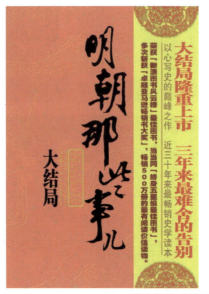

图 6-2　书法字体在书籍封面中的应用

2.　美术体

美术体又可分为规则美术体和不规则美术体两种。前者作为美术体的主流，强调外型的规整，笔划变化统一，具有便于阅读、便于设计的特点，但较呆板；不规则美术体则强调自由变形，无论从笔划处理或字体外形均追求不规则的变化，具有变化丰富、个性突出、设计空间充分、适应性强、富有装饰性的特点。不规则美术体与规则美术体及书法体比较，它既具有个性又具有适应性，所以许多书刊均选用这类字体，如图 6-3 所示。

图 6-3　美术体在书籍封面中的应用

3. 印刷体

印刷体沿袭了规则美术体的特点，早期的印刷体较呆板、僵硬，现在的印刷体在这方面有所突破，吸纳了不规则美术体的变化规则，大大丰富了印刷体的表现力，而且借助电脑使印刷体处理方法上既便捷又丰富，弥补了其个性上的不足，如图 6-4 所示。

图 6-4　德国 ARE WE DESIGNER 个性时尚封面设计

6.1.4 封面的图片设计

封面图片以其直观、明确、视觉冲击力强、易与读者产生共鸣的特点，成为设计要素中的重要部分。图片的内容丰富多彩，最常见的是人物、动物、植物、自然风光，以及一切人类活动的产物。

图片是书籍封面设计的重要环节，它往往在画面中占很大面积，成为视觉中心，所以图片设计尤为重要。一般青年杂志、女性杂志均为休闲类书刊，它的标准是大众审美，通常选择当红影视歌星、模特的图片做封面；科普刊物选图的标准是知识性，常选用与大自然有关的或先进科技成果的图片；而体育杂志则选择体坛名将或竞技场面图片；新闻杂志选择新闻人物和有关场面，它的标准既不是年轻貌美，也不是科学知识，而是新闻价值；摄影、美术刊物的封面选择优秀摄影和艺术作品，它的标准是艺术价值。图 6-5 是 Ontwerp.TV 时尚杂志封面设计作品。

图 6-5　Ontwerp.TV 时尚杂志封面设计

6.1.5 封面的色彩设计

封面的色彩处理是封面设计的重要一关。得体的色彩表现和艺术处理，能在读者的视觉中产生夺目的效果。色彩的运用要考虑内容的需要，用色彩对比的不同效果来表达不同的内容和思想。在对比中求统一协调，以间色互相配置为宜，使对比色统一协调。书名的色彩运用在封面上要有一定的分量，如纯度不够，就不能产生显著夺目的效果。另外，除了绘画色彩用于封面外，还可用装饰性色彩来表现。文艺书封面的色彩不适用于教科书，教科书、理论著作的封面色彩不适合儿童读物，要辩证地看待色彩的含义，不能生搬硬套地使用色彩。

一般来说设计幼儿刊物的色彩，要针对幼儿娇嫩、单纯、天真、可爱的特点，色调往往处理成高调，减弱各种对比的力度，强调柔和的感觉；女性书刊的色调可以根据女性的特征，选择温柔、妩媚、典雅的色彩系列；体育杂志的色彩则强调刺激、对比、追求色彩的冲击力；而艺术类杂志的色彩就要求具有丰富的内涵，要有深度，切忌轻浮、媚俗；科普书刊的色彩可以强调神秘感；时装杂志的色彩要新潮，富有个性；专业性学术杂志的色彩要端庄、严肃、高雅，体现权威感，不宜强调高纯度的色相对比。

色彩配置上除了协调外，还要注意色彩的对比关系，包括色相、纯度、明度对比。

封面上没有色相冷暖对比，就会感到缺乏生气；封面上没有纯度鲜明对比，就会感到古旧和平俗；封面上没有明度深浅对比，就会感到沉闷而透不过气来。我们要在封面色彩设计中掌握明度、纯度、色相的关系，同时用这三者的关系去认识和寻找封面上产生弊端的缘由，以便提高色彩修养。图6-6是时尚杂志《Leader》2009年封面设计。

图6-6　时尚杂志《Leader》2009年封面设计

6.2　《发现孩子》封面设计与制作

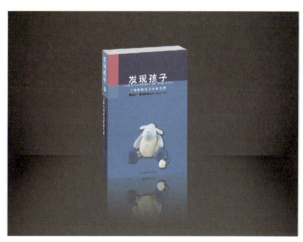

图6-7　《发现孩子》封面

6.2.1　项目构思

1．前期调研

《发现孩子》是蒙台梭利教育法系列丛书之一。蒙台梭利教育法之所以能影响整个世界的教育体系，关键在于她在卢梭、裴斯泰格齐、福禄贝尔等人自然主义教育思想的基础上，形成了自己革命性的儿童观念。她认为儿童有一种与生俱来的"内在生命力"，这种生命力是一种积极的、活动的、发展着的存在，它具有无穷无尽的力量。教育的任务就是激发和促进儿童"内在潜力"的发挥，使其按自身规律获得自然和自由的发展。她主张，不应该把儿童作为一种物体来对待，而应作为人来对待。儿童不是成人和教师进行灌注的容器，不是可以任意塑造的蜡或泥，不是可以任意刻划的木块，也不是父母和教师培植的花木或饲养的动物，而是一个具有生命力的、能动的、发展着的活生生的人。教育家、教师和父母应该仔细观察和研究儿童，了解儿童的内心世界，发现"童年的秘密"，热爱儿童、尊重儿童的个性，促进儿童的智力、精神、身体与个性自然发展。她还利用第一手观察资料和"儿童之家"的实验，发现了一系列有关儿童发展的规律。

2. 项目分析

《发现孩子》这本书的读者群主要是年轻的妈妈们，在封面设计上要考虑颜色和图形的选择要符合受众群心理。在设计前还要考虑到封面的尺寸以及书的页数，这样能计算出整个封面的尺寸。还要考虑到避免印刷时出现溢出的问题，要在页面上设置"出血线"问题。

6.2.2 项目设计

根据作者本人要求和考虑到读者受众群的因素，封面设计采用明快的蓝色系，用相同色系但是不完全相同的蓝色安排布局，点缀小面积的粉色。图形选择可爱的毛绒玩具，也比较符合受众群的心理。本项目使用 Photoshop 软件制作。

1. 项目资料收集

根据前期调研和项目分析确定了设计风格，在接下来的工作中查找与设计风格相关的资料，如图 6-8 所示。

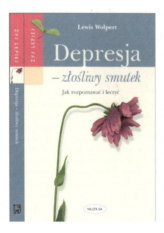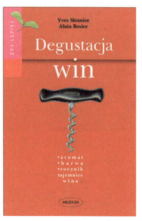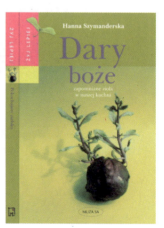

图 6-8　项目资料收集

2. 项目颜色设定

图 6-9　项目颜色设定

3. 项目设计流程

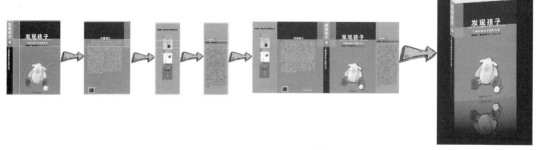

图 6-10　项目设计流程图

▊ 6.2.3　项目实施

1. 封面规划和设计

1　在 Photoshop 文件下拉菜单中创建一个新文件，页面设置为 53.4×25.2，单位为厘米，分辨率 300 像素 / 英寸，颜色模式为 CMYK 颜色，如图 6-11 所示。

2　按组合键 Ctrl + R 打开标尺，用移动工具在标尺上拖拽出参考线，将页面分割为右勒口、封面、书脊、封底和左勒口几个大的模块，具体位置如图 6-12 所示。

图 6-11　新建文档对话框

 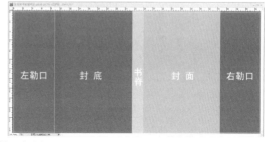

图 6-12　封面规划图

3　为避免印刷时出现溢出的问题，在标尺上下左右各 2 毫米的位置，用移动工具在标尺上拖拽出参考线，这条线是出血线，设计区域不能超过出血线围合的区域，具体位置如图 6-13 所示。

图 6-13　出血线设置

2. 封面设计与制作

1　用矩形选框工具在封面区域拖拽一个矩形选区，填充蓝色，如图 6-14 所示。

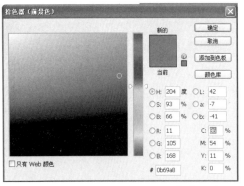

图 6-14　颜色设定　　　　　　　　　　　　　　　　　　　　　　图 6-15　参考线位置

2　用移动工具在标尺上拖拽出参考线，位置如图 6-15 所示。

3　用矩形选框工具创建矩形选区，填充深蓝色，如图 6-16 所示。

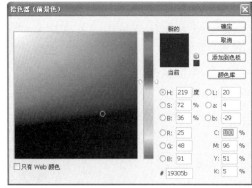

图 6-16　颜色设定

4　用矩形选框工具创建矩形选区，填充粉色，如图 6-17 所示。

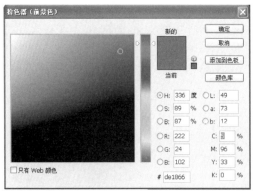

图 6-17　颜色设定

⑤ 用矩形选框工具创建矩形选区，填充浅蓝色，如图 6-18 所示。

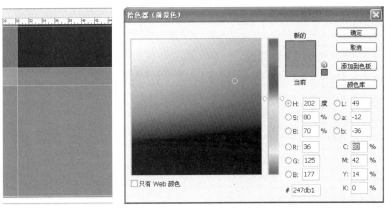

图 6-18　颜色设定

⑥ 用文字工具输入中文书名，设置如图 6-19 所示。

⑦ 用文字工具输入英文书名，设置如图 6-20 所示。

图 6-19　文字排版

图 6-20　文字排版

⑧ 用文字工具输入宣传语，设置如图 6-21 所示。

⑨ 用文字工具输入作者名，设置如图 6-22 所示。

图 6-21　文字排版

图 6-22　文字排版

10 用文字工具输入出版社，设置如图 6-23 所示。

11 按 Shift 键将所有文字图层选择，用移动工具 将所有的文字居中对齐 ，如图 6-24 所示。

图 6-23　文字排版　　　　　　　　　　　　　　图 6-24　图层对齐效果

12 将绵羊素材打开，用移动工具拖拽到封面文件中，调整大小及位置，如图 6-25 所示。

13 给绵羊图层添加投影图层样式，设置如图 6-26，封面制作完成。

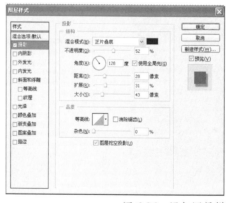

图 6-25　绵羊素材位置及大小　　　　　　　　　图 6-26　添加图层样式

3. 书脊设计与制作

1 用矩形选框工具画出三个选区分别填充颜色，如图 6-27 设置。

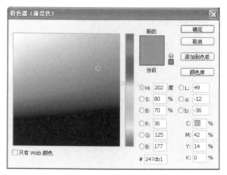

图 6-27　颜色设置

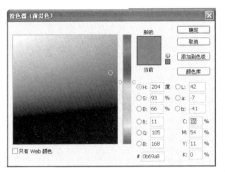 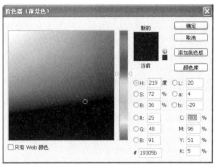

图 6-27　颜色设置（续）

2　用直排文字工具在书脊上输入文字，具体设置如图 6-28 所示。

图 6-28　直排文字工具

3　将封面上制作的绵羊图层复制，按组合键 Ctrl ＋ T 自由变换，按住 Shift 键拖拽等比例缩小，调整大小和位置，如图 6-29 所示。

图 6-29　调整绵羊位置及大小

4. 封底设计与制作

1　将封面设计中的所有颜色图层复制，按组合键 Ctrl + T 自由变换，单击右键水平翻转，如图 6-30 所示。

图 6-30　封底制作

2　选择横排文字工具在封底上拖拽一个区域，打开简介文字 WORD 文档将内容简介选择复制，粘贴到文字工具拖拽的区域里，如图 6-31 所示。

图 6-31　内容简介文字排版

3　打开条形码素材，用矩形选框工具选择横版条形码，用移动工具拖拽到封底上，位置如图 6-32 所示。

4　用文字工具和矩形选框工具，将定价部分完成，如图 6-33 所示。

图 6-32　条形码位置及大小　　　　　图 6-33　文字排版

5. 勒口设计与制作

1 右侧勒口设计，用矩形选框工具画出选区填充浅蓝色，再用矩形选框工具画出小选区填充蓝色，如图 6-34 所示。

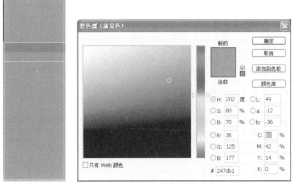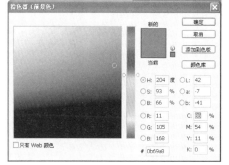

图 6-34 右侧勒口制作

2 用矩形选框工具画出选区填充粉色，如图 6-35 所示。

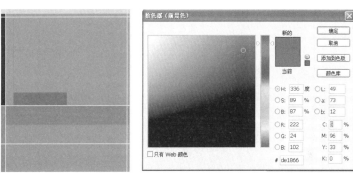

图 6-35 粉色设置

3 用文字工具，将作者简介文字和作者名输入进去，如图 6-36 所示。

图 6-36 文字排版

4 用文字工具在右侧勒口上拖拽一个区域，打开简介文字 WORD 文档将作者简介选择复制，粘贴到文字工具拖拽的区域里，如图 6-37 所示。

5 左侧勒口设计，将右侧浅蓝色勒口复制，调整位置如图 6-38 所示。

图 6-37 作者简介文字排版

图 6-38 左侧勒口制作

6 用文字工具，将丛书文字输入进去，如图 6-39 所示。

7 将丛书素材图片依次打开，拖拽到左侧勒口上，调整大小和位置，如图 6-40 所示。

图 6-39 文字排版

图 6-40 素材排版

8 《发现孩子》封面设计制作完成，如图 6-41 所示。

图 6-41 《发现孩子》封面最终效果

6. 图书效果图制作

1 在 Photoshop 文件下拉菜单中创建一个新文件，页面设置为 18×13.5，单位为厘米，分辨率 300 像素／英寸，颜色模式为 RGB 颜色，如图 6-42 所示。

2 将背景填充黑色，给背景添加滤镜效果，选择菜单"滤镜／渲染／光照"命令，设置如图 6-43 所示。

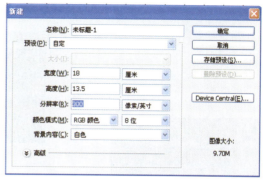

图 6-42　新建文档对话框

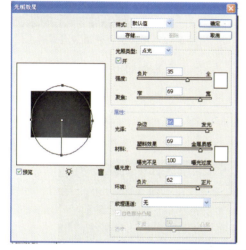

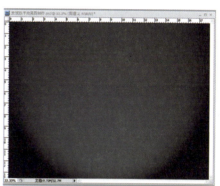

图 6-43　光照效果设置

3 选择矩形选框工具在背景层上创建选区，按组合键 Ctrl＋J 复制粘贴出一个新的图层，如图 6-44 所示。

4 按组合键 Ctrl＋T 自由变换单击鼠标右键垂直翻转，将新复制出的图层进行调整，如图 6-45 所示。

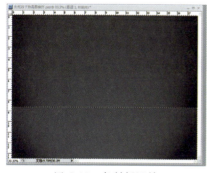

图 6-44　复制新区域

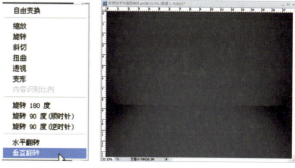

图 6-45　自由变换设置

5 创建一个新图层，选择矩形选框工具创建矩形选区，并填充黑色，如图 6-46 所示。

6 选择菜单"滤镜／杂色／添加杂色"命令，设置如图 6-47 所示。

图 6-46 填充效果   图 6-47 添加杂色滤镜效果

7 选择菜单"滤镜／模糊／动感模糊"命令，设置如图 6-48 所示。

图 6-48 动感模糊滤镜效果

8 选择菜单"图像／调整／色阶"命令，设置如图 6-49 所示。

图 6-49 色阶调整

9 选择矩形选框工具，选中图形两端模糊的部分，并按 Delete 键删除，如图 6-50 所示。

10 按组合键 Ctrl＋T 自由变换，单击鼠标右键斜切命令，调整如图 6-51 效果。

图 6-50　删除后效果

图 6-51　自由变换效果

11　将做好的封面、书脊依次打开，拖拽到当前文件中，按组合键 Ctrl + T 自由变换，单击鼠标右键斜切命令，调整如图 6-52 效果。

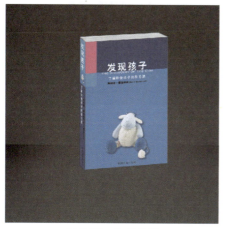

图 6-52　合成效果

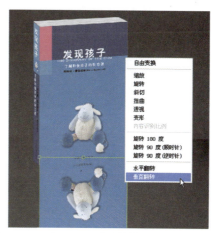

图 6-53　投影制作方法

12　制作投影，将封面图层复制，按组合键 Ctrl + T 自由变换，单击鼠标右键然后单击垂直翻转命令，调整如图 6-53 效果。

13　给投影 1 图层添加蒙版，在蒙版上填充渐变，设置如图 6-54 所示，选择线性渐变纵向拖拽，效果如图 6-54 所示。

图 6-54　图层蒙版

14 图书效果图制作完成，如图 6-55 所示。

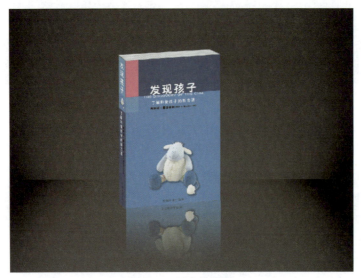

图 6-55　图书效果图

实训要点

Photoshop 中，文字排版技巧；

Photoshop 中，对齐工具的灵活应用；

Photoshop 中，滤镜的应用。

6.3 《美丽日本语》封面设计与制作

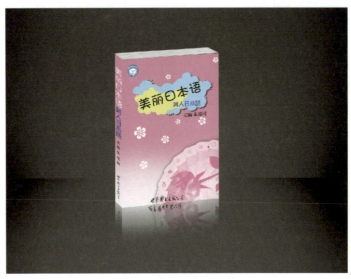

图 6-56　《美丽日本语》封面

6.3.1　项目构思

1.　前期调研

《美丽日本语》是一本日语学习的日常用书。说到日语学习，很多人的脑海中都会立刻闪现出堆积成山的单词、晦涩难懂的语法。看着一本本厚厚的单词书、语法书，真是让人望而却步。很多人总是刚开始满腔热情，但只翻了书的前几页就停滞不前了。可是大家是否想过，如果是一本日历，每天撕掉一页，它便会在不经意间越来越薄，直至最后一页。在惊诧时光流逝的同时也能感到收获颇多。也就是说如果把大堆罗列的知识分散到每一天，那么每一天要掌握的其实是很少的一点。本书正是利用这一感觉上的差异性，把书中的内容用日历的形式展现，只要按照书中的日期，每天读一页，便会积少成多，实现由量到质的飞跃，这是本书的最大特色。

2.　项目分析

经与出版社和作者本人沟通，《美丽日本语》书籍封面设计要体现日本文化特色，要有日本元素，例如樱花、扇子等，颜色以粉色或白色为主色调均可。本项目使用Photoshop软件制作。

6.3.2　项目设计

1.　项目草图

图6-57　项目草图设计

2.　项目颜色设定

图6-58　项目颜色设定

3. 项目设计流程

图 6-59　项目设计流程图

6.3.3　项目实施

1. 封面规划和设计

1　在 Photoshop 文件下拉菜单中创建一个新文件，页面设置为 38.6×21，单位为厘米，分辨率 300 像素 / 英寸，颜色模式为 CMYK 颜色，如图 6-60 所示。

2　按组合键 Ctrl + R 打开标尺，用移动工具在标尺上拖拽出参考线，将页面分割为右勒口、封面、书脊、封底和左勒口几大模块，具体位置如图 6-61 所示。

图 6-60　新建文档对话框

图 6-61　封面规划

3 为避免印刷时出现溢出的问题，在标尺上下左右各 2 毫米的位置，用移动工具在标尺上拖拽出参考线，这条线是出血线，设计区域不能超过出血线围合的区域，具体位置如图 6-62 所示。

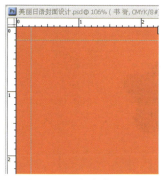

图 6-62 出血线设置

2. 封面设计与制作

1 新建一个图层命名为颜色，选择渐变工具颜色设置如图 6-63 所示，选择线性渐变类型由上向下拖拽。

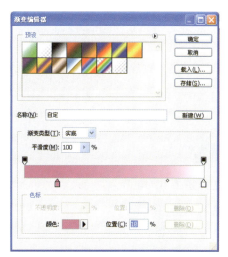

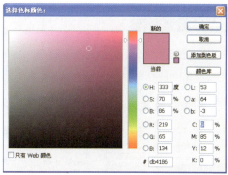

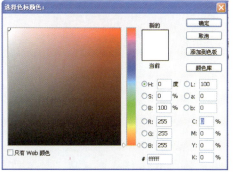

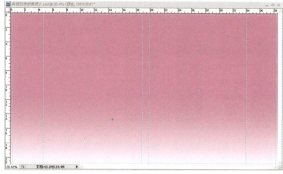

图 6-63 渐变填充效果

2　将喷溅效果素材文件打开，选择魔棒工具在黑色区域单击，选择移动工具将所选区域拖拽到文件中，如图 6-64 所示。

3　按组合键 Ctrl＋T 自由变换，将喷溅效果素材调整其大小和位置，如图 6-65 所示。

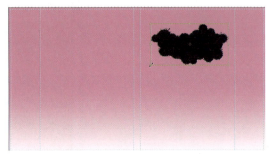

图 6-64　素材文件　　　　　　　　　　　图 6-65　调整素材大小和位置

4　保持选区不变，将前景色设置如图 6-66 所示，按下组合键 Alt ＋ Delete 将选区填充前景色。

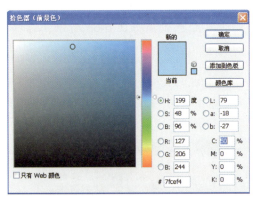

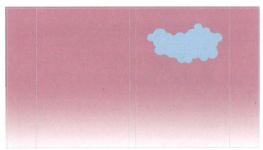

图 6-66　颜色填充

5　将喷溅图层添加投影图层样式，设置如图 6-67 所示。

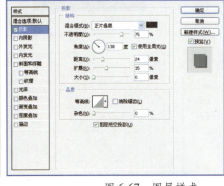

图 6-67　图层样式

6　将蓝色喷溅图层复制命名为喷溅黄色，用魔棒工具选择蓝色区域，设置前景色为黄色，如图 6-68 所示。按组合键 Alt ＋ Delete 将选区填充前景色。

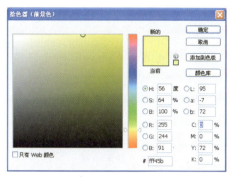

图 6-68　填充黄色效果

☐7　按组合键 Ctrl + T 自由变换，将黄色喷溅效果调整大小和位置，如图 6-69 所示。

☐8　选择横排文字工具，设置如图 6-70 所示，输入书名"美丽日本語"。

图 6-69　调整位置及大小　　　　　　　　　　　　图 6-70　书名文字排版

☐9　按组合键 Ctrl + T 自由变换，将美丽日本语文字进行调整，如图 6-71 所示。

☐10　选择横排文字工具，设置如图 6-72 所示，输入日文书名"美人日本語"。

图 6-71　调整文字位置　　　　　　　　　　　　　图 6-72　文字排版

☐11　选择横排文字工具，设置如图 6-73 所示，输入作者名。

图 6-73　文字排版

12 将小花素材文件打开，选择魔棒工具在黑色区域单击，选择移动工具将所选区域拖拽到文件中，如图 6-74 所示。

13 保持选区不变，将前景色设置白色，按组合键 Alt + Delete 将选区填充前景色，如图 6-75 所示。

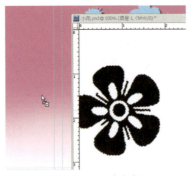

图 6-74　小花素材　　　　　　　　　图 6-75　填充颜色

14 选择移动工具，同时按住 Alt 键移动小花，复制出多个小花，按组合键 Ctrl + T 自由变换，将小花位置及大小进行调整，如图 6-76 所示。

图 6-76　调整小花位置及大小

15 将扇形素材文件打开，选择"菜单 / 图像 / 调整 / 色相 / 饱和度"，勾选着色按钮，设置如图 6-77 所示。

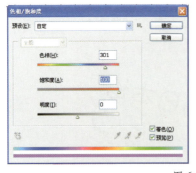

图 6-77　着色设置

16　选择移动工具将扇形拖拽到文件中，如图6-78所示。

17　按组合键Ctrl+T自由变换，将扇形大小及位置进行调整，如图6-79所示。

图6-78　素材载入

图6-79　调整素材大小

18　选择矩形选框工具将扇形多余部分选中，按Delete键删除，如图6-80所示。

图6-80　删除多余素材

19　将扇形图层添加投影图层样式，设置如图6-81所示。

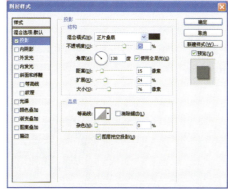

图6-81　投影图层样式设置

20 输入书籍上的文字，选择直排文字工具输入中文书名、日文书名及作者名，具体设置如图 6-82 所示。

图 6-82　书脊文字排版

21 选择横排文字工具在封底上拖拽一个区域，打开宣传语 WORD 文档将内容简介选择复制，粘贴到文字工具拖拽的区域里，如图 6-83 所示。

图 6-83　内容简介文字排版

22 将出版社文字素材在 Illustrator 中打开，单击选择工具将出版社标志选择，拖拽到 Photoshop 文件中，如图 6-84 所示。

23 拖拽进来的出版社标志是矢量智能对象，按 Enter 键确认后才能在 Photoshop 中编辑，如图 6-85 所示。

图 6-84　Illustrator 文件导入　　　　　图 6-85　矢量图形编辑

24　将条形码、出版社文字标志依次用上述方法调入到 Photoshop 文件中，调整其大小及位置，如图 6-86 所示。

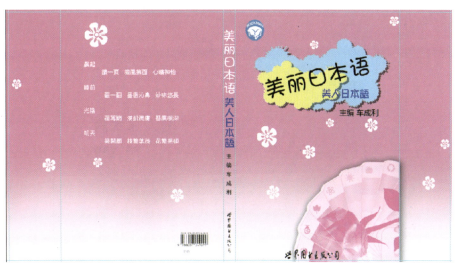

图 6-86　条形码位置及大小

25　选择"菜单/视图/清除参考线"将文件中的参考线全部清除，美丽日本语封面全部制作完成，效果如图 6-87 所示。

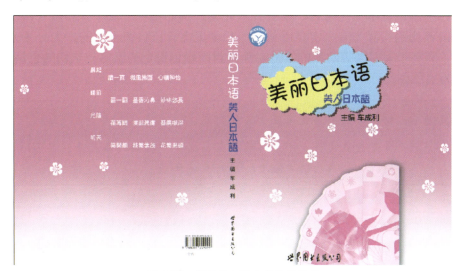

图 6-87　美丽日本语书籍封面效果

实训要点

Photoshop 中，图像色相饱和度调整方法；

Photoshop 中，添加图层样式的灵活运用；

Illustrator 文件调入 Photoshop 中的方法。

6.4 《美丽日本语》封面设计项目拓展练习

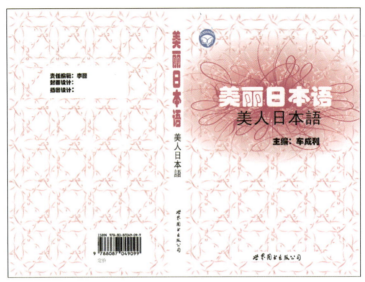

图 6-88 《美丽日本语》封面设计项目拓展练习

　　《美丽日本语》是世界图书出版公司出版的一本日语学习的日常用书。因此书籍封面设计应体现日本文化特色，要有日本元素，例如樱花、扇子、和服、富士山等。该书的读者及购买群为有一定日语基础、想要提高日语口语水平的广大日语爱好者，所以为了区别于普通高等院校的教材封面，封面颜色设定为温馨、亲切的色调，粉色或白色为主色调均可。

　　工具提示：钢笔工具、渐变工具和文字排版。

　　制作提示：首先设置文件大小，然后将素材文件中提供的花纹素材在 Illustrator 中打开，最后填充渐变、进行文字排版。

7.1 宣传册设计概述

7.1.1 宣传册设计内容编排注意事项

在宣传册设计中，宣传册的形式、开本变化较多，设计时应根据不同的情况区别对待。固定内容的编排也是应当注意的部分，其中值得特别关注的地方有如下几点。

页码较少、面积较小的宣传册，在设计时应使版面特征醒目；色彩及形象要明确突出；版面设计要素中，主要文字可适当大一些。

对于页码较多的宣传册，由于要表现的内容较多，为了实现统一、整体的感觉，在编排上要注意网格结构的运用；要强调节奏的变化关系，保留一定量的空白；色彩之间的关系应保持整体的协调统一。

为避免设计时只注意单页画面效果而不能把握总体的情况，可采用以下方法来控制整体的效果：

确定创作思路，根据预算情况确定开本及页数，并依照规范版式将图文内容按比例缩小排列在一起，以便全面观察比较，合理调整。

找出整册中共性的因素，设定某种标准或共用形象，将这些主要因素安排好后再设计其他因素。在整册中抓住几个关键点，以点带面再来控制整体布局，做到统一中有变化，变化中求统一，达到和谐、完美的视觉效果。如图7-1、图7-2所示。

图7-1　化妆品宣传

图 7-1　化妆品宣传册（续）

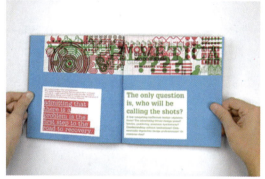

图 7-2　宣传册排版效果

7.1.2　如何规划企业宣传册内容

1.　明确设计企业宣传册的目的

在设计宣传册之前要明确设计目的，不要盲目追求形式。例如，要设计一本宣传企业文化品牌的宣传册，在设计内容里大篇幅地谈产品特点和品质，就是不合适的，没有达到宣传的目的。只有清楚宣传册的设计目的，内容规划自然也就明确了。

2.　明确企业宣传册的读者

这一点非常关键，最好把阅读群体更加细化一些，宣传册不同于书店销售的书籍，出版社在出版书籍时也有目标读者的定位，但相对模糊、宽泛一些，但我们在设计企业宣传册时必须有非常明确的目标阅读群体，因为每个群体的阅读习惯、阅读目的是不一样的，只有全方位迎合目标群体的需求才能很好地起到宣传的效果。比如，做一本面向企业高层领导的宣传册，建议文案内容一定要简洁、直观，文字不宜过多，设计必须高档精美，用简单几行字将核心问题说清楚。

3.　常规企业宣传册的内容结构

第一部分：公司介绍。通常可包括：公司简介、企业理念、组织结构、企业文化等。这几部分也可以分开介绍。

第二部分：业务范围介绍。通常可包括：业务范围、业务流程、服务优势等。有实力的公司通常会把服务优势单独介绍。

第三部分：公司业绩或者称案例介绍。为增加宣传效果，案例通常最有说服力，这一块往往非常关键，如果是新公司，在没有大量成功案例时，这一块最好干脆不提，突出其他方面的实力。

第四部分：合作伙伴。通常将自己的客户或者合作伙伴展示出来往往可以提升企业的宣传力。新成立的企业或者实力不强的公司，建议将远景规划作为宣传册设计的结尾更有说服力。图7-3是谭木匠企业宣传册设计。

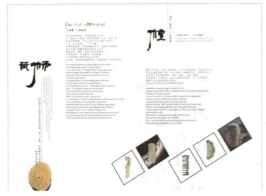

图7-3　谭木匠企业宣传册设计

7.2 东方圣荷西宣传册设计与制作

图 7-4 封面

图 7-5 内页 1

图 7-6 内页 2

图 7-7 内页 3

图 7-8 内页 4

图 7-9 内页 5

7.2.1 项目构思

1. 前期调研

开发商：大连软件园开发有限公司

建筑面积：约 20.2 万平方米

价位：13500 元 / 平方米

项目地址：沙河口区软件园区，高新区，学府区复合地带东临净水厂

户型面积：60 ～ 356 平方米

总户数：950

交房时间：现房

交通配套：26 路，14 路，33 路，15 路，523 路

生活配套：好又多量贩超市，熟食品交易中心

医疗配套：医科大学附属二院，何氏眼科医院，由家村社区卫生服务中心

教育配套：辽师附中，大连四中，东北财经大学，大连医科大学，辽宁师范大学，大连交通大学

其他：东方圣荷西半山公寓项目位于大连软件园及泛星海核心地段，项目三面环山，紧邻 142 公顷西山公园，南面俯瞰星海湾，社区内部 5 万平方米原生态山体公园。项目依山傍水充分体现人文主义的自然居住理念。

东方圣荷西半山公寓占地面积约为 7 万平方米，总建筑面积近 20 万平方米，包括 12 栋 18—32 层的公寓楼，一座大型社区幼儿园，及 1 万平方米商业和 4200 平方米的高档青鸟会所组成的高档生活社区。东方圣荷西户型定位以高舒适度、高品质的三室两卫户型为主，最小户型面积 50 平方米，最大户型面积 230 平方米，主力户型面积在 150—230 平方米之间户型设计多样，40% 采用跃层设计。

2. 项目分析

半山豪宅的特征在于背山，处于地势落差大的山体之上；面海，但与海保持一定的距离；隐于市，处于繁华城市中央，却被宁静围绕。项目以高密度的原生态园林景观为主导设计思想，设计借鉴日本枯川水，四季有景，景观元素极为丰富，石、桥、亭、水、树形成多元化立体园林，极高的园内绿地覆盖率，加之西山公园的原生态园林将项目内景无限放大，曲径通幽，使人犹如置身世外桃源；基地从东到西形成三个台地，顺沟而建中轴水带，利用超大楼间距，营造多元化的坡地园林景观，与原有的山海景观巧妙地融为一体。

3. 项目资料收集

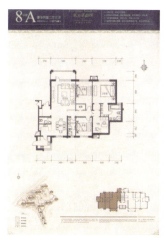

图 7-10　项目资料收集

■ 7.2.2　项目设计

　　那么我们根据东方圣荷西半山豪宅的特征，在设计宣传册中主要包含项目的位置、景观元素的体现、立体园林的表现等。

还要在宣传册中体现出东方圣荷西"私家府邸，一生之宅"的宣传理念。

在素材选择上主要是东方圣荷西楼盘外景的实景照片和会所的实景照片，在颜色的选择上以柔和的浅粉为主色调。本项目使用 Photoshop 软件制作。

1. 项目颜色设定

图 7-11　项目颜色设定

2. 项目设计流程

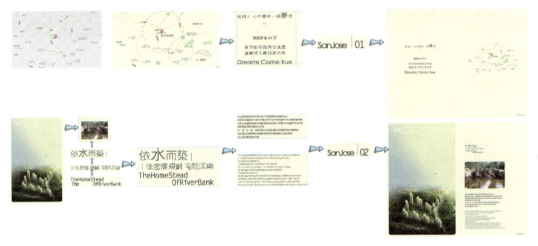

图 7-12　项目设计流程图

7.2.3　封面设计项目实施

[1] 在 Photoshop 文件下拉菜单中创建一个新文件，页面设置为 360×285，单位为毫米，分辨率 300 像素/英寸，颜色模式为 RGB 颜色，如图 7-13 所示。

[2] 按组合键 Alt + Delete 将背景图层填充前景色，前景色设置如图 7-14 所示。

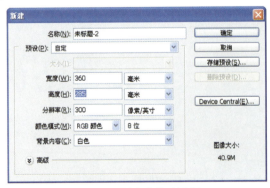

图 7-13　新建文档对话框

图 7-14　颜色设置

3 打开楼盘标志素材文件，选择移动工具把素材拖到背景层上，如图 7-15 所示。

4 按组合键 Ctrl + T 自由变换，然后按住 Shift 键拖拽图形，等比例调整图形的大小，如图 7-16 所示。调整大小完成后，按回车键确定。

图 7-15 标志素材载入

图 7-16 调整位置及大小

5 将楼盘标志图层的混合模式设置为正片叠底，将字体以外的颜色去除，效果如图 7-17 所示。

图 7-17 正片叠底设置

6 将亿达标志素材打开，选择菜单"选择/色彩范围"命令，在弹出的对话框中，将颜色容差值调为 200，用吸管吸取标志中的红色部分，如图 7-18 所示。

7 在色彩范围对话框单击确定按钮，红色部分就会形成选区，如图 7-19 所示，选择移动工具，拖拽红色部分到新建的封面文件中。

8 如上方法将亿达文字标志选择，拖拽到新建文件中，效果如图 7-20 所示。

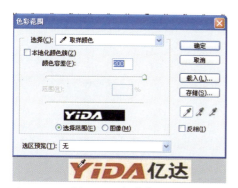

图 7-19 移动亿达英文

图 7-18 色彩范围

图 7-20 移动完效果

9　按住 Shift 键将亿达标志和楼盘标志两个图层选中，选择移动工具中的居中对齐，让两个图层以中轴线对齐，效果如图 7-21 所示。

10　按组合键 Ctrl + R 将标尺打开，选择移动工具在标尺上拖拽出参考线，垂直的参考线将页面平均分割出封面和封底两个部分，水平的参考线在标志的下方，便于封底制作联系方式的水平参照，如图 7-22 所示。

图 7-21　对齐效果　　　　　　　　　　　图 7-22　参考线位置

11　选择横排文字工具将热线电话、销售地址、网址等信息输入进去，字体和颜色设置如图 7-23 所示，封面制作完成。

图 7-23　宣传册封面最终效果

▊ 7.2.4　内页1设计项目实施

1　在 Photoshop 文件下拉菜单中创建一个新文件，页面设置为 360×285，单位为毫米，分辨率 300 像素 / 英寸，颜色模式为 RGB 颜色，如图 7-24 所示。

2 按组合键 Alt + Delete 将背景图层填充前景色，前景色设置如图 7-25 所示。

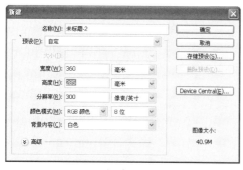

图 7-24　新建文档对话框

图 7-25　颜色设置

3 按组合键 Ctrl + R 将标尺打开，选择移动工具在标尺上拖拽出参考线，将页面划分为文字排版区、楼盘地理位置图区和页码区，如图 7-26 所示。

4 将地图素材文件打开，在背景图层上双击鼠标左键，在对话框中单击确定按钮，将背景图层转换为图层 0，如图 7-27 所示。

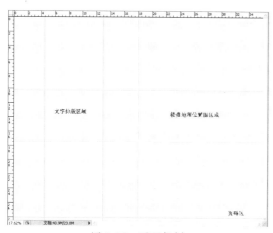

图 7-26　页面规划

图 7-27　背景层转换为图层

5 用魔棒工具选择蓝色区域，只保留文字和道路，按 Delete 键删除选择区域，如图 7-28 所示。

6 选择移动工具将修改好的地图素材拖拽到内页 1 文件中，如图 7-29 所示。

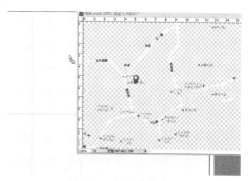

图 7-28　地图素材处理图

图 7-29　地图素材载入

7 选择菜单栏"图像/调整/色相/饱和度",将地图图层调整饱和度高一些，效果如图 7-30 所示。

图 7-30 图像调整

8 将圆图形素材文件打开，选择移动工具将素材拖拽到内页 1 文件中，如图 7-31 所示。

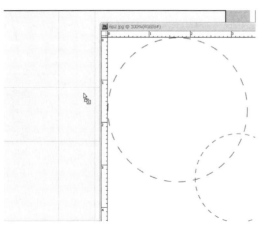

图 7-31 圆图形素材处理

9 将圆图形图层的混合模式更改为正片叠底，设置如图 7-32 所示。

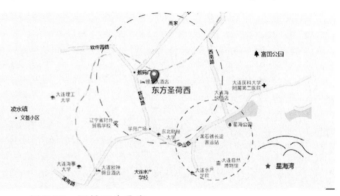

图 7-32 图层正片叠底

10　进行文字排版，选择横排文字工具，设置如图 7-33 所示。

图 7-33　文字排版

11　页码区设计，选择横排文字工具，设置如图 7-34 所示。

图 7-34　页码区设计

12　选择"菜单/视图/清除参考线"将内页 1 参考线全部清除，此时内页 1 制作完成，效果如图 7-35 所示。

图 7-35　内页 1 最终效果

7.2.5 内页2设计项目实施

1 在 Photoshop 文件下拉菜单中创建一个新文件，页面设置为 360 × 285，单位为毫米，分辨率 300 像素 / 英寸，颜色模式为 RGB 颜色，如图 7-36 所示。

2 按组合键 Alt + Delete 将背景图层填充前景色，前景色设置如图 7-37 所示。

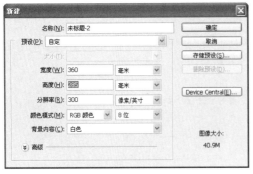

图 7-36　新建文档对话框

图 7-37　颜色设置

3 按组合键 Ctrl + R 将标尺打开，选择移动工具在标尺上拖拽出参考线，将页面划分为楼盘图片区、文字标题区、环境图片展示区、中文排版区、英文排版区和页码区，如图 7-38 所示。

4 将楼盘图片素材打开，选择移动工具将其拖拽到内页 2 文件中，如图 7-39 所示。

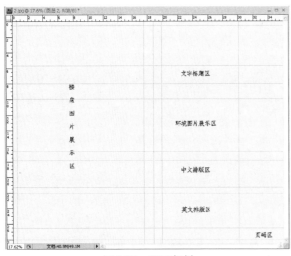

图 7-38　页面规划

图 7-39　楼盘素材载入

5 按组合键 Ctrl + T 自由变换，然后按住 Shift 键拖拽，调整图片大小及位置，如图 7-40 所示，双击鼠标左键确认。

6 选择矩形选框工具，选出如图 7-41 所示区域。按组合键 Shift + F6 羽化选区，羽化半径为 30 像素，如图 7-41 所示。

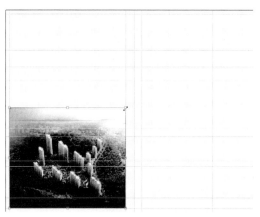

图 7-40　调整楼盘素材位置及大小　　　　　　　　图 7-41　羽化设置

7　选择渐变工具，颜色设置如图 7-42 所示。

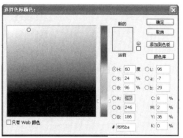

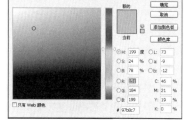

图 7-42　渐变颜色设置

8　选择线性渐变类型，在选区内斜向拖拽填充渐变，如图 7-43 所示。

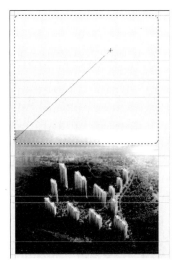

图 7-43　渐变效果

9 选择圆角矩形工具，设置圆角半径为 50 像素。按组合键 Ctrl + Enter 将路径转换为选区，再按组合键 Ctrl + Shift + I 反向选择，如图 7-44 所示。

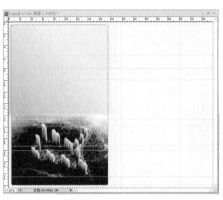

图 7-44　圆角矩形制作方法

10 单击楼盘图层，按 Delete 键，将选区内部图像删除，效果如图 7-45 所示。

11 进行文字排版，选择横排文字工具，设置如图 7-46 所示。

图 7-45　删除多余图像　　　　　　　　　　图 7-46　文字排版

12 将箭头图形素材打开，将其拖拽到内页 2 文件中并将图层混合模式改为正片叠底，效果如图 7-47 所示。

13 将流水图片素材打开，选择移动工具将其拖拽到内页 2 文件中，如图 7-48 所示。

图 7-47　图层正片叠底　　　　　　　　　图 7-48　流水素材载入

14 按组合键 Ctrl + T 自由变换，然后按住 Shift 键拖拽，调整图片大小及位置，如图 7-49 所示，双击鼠标左键确认。

图 7-49　调整图片大小及位置

15 选择圆角矩形工具，设置圆角半径为 50 像素。按组合键 Ctrl + Enter 将路径转换为选区，再按组合键 Ctrl + Shift + I 反向选择，如图 7-50 所示。

图 7-50　圆角矩形制作方法

16 单击流水图层，按 Delete 键，将选区内部图像删除，效果如图 7-51 所示。

图 7-51　删除多余图像

17 文字标题区制作，选择横排文字工具，设置如图 7-52 所示。

 依水而築|

 |低密度規劃 宅院深幽

 TheHomeStead
The   OfRiverBank

依水而築|
|低密度規劃 宅院深幽
TheHomeStead   OfRiverBank

图 7-52　标题文字排版

18 中文排版区设计，选择横排文字工具，设置如图 7-53 所示。

图 7-53　内容文字排版

19 英文排版区设计，选择横排文字工具，设置如图 7-54 所示。

图 7-54　英文文字排版

20 页码区设计，选择横排文字工具，设置如图 7-55 所示。

图 7-55　页码区设计

21　选择"菜单\视图\清除参考线"将内页 2 参考线全部清除，内页 2 全部制作完成，效果如图 7-56 所示。

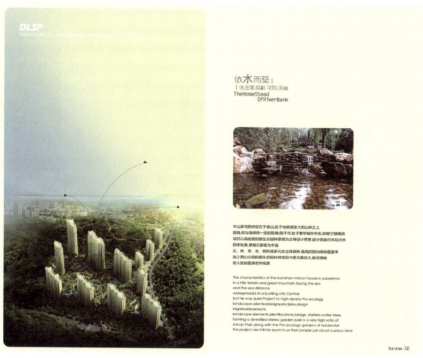

图 7-56　内页 2 最终效果

7.2.6　内页 3 设计项目实施

1　在 Photoshop 文件下拉菜单中创建一个新文件，页面设置为 360×285，单位为毫米，分辨率 300 像素/英寸，颜色模式为 RGB 颜色，如图 7-57 所示。

2　按组合键 Alt + Delete 将背景图层填充前景色，前景色设置如图 7-58 所示。

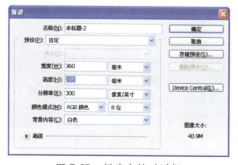

图 7-57　新建文档对话框

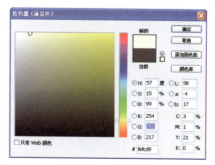

图 7-58　颜色设置

3　按组合键 Ctrl + R 将标尺打开，选择移动工具在标尺上拖拽出参考线，将页面划分为楼盘环境展示区、标题区、配套文字排版区、项目文字排版区和页码区，如图 7-59 所示。

4　将楼盘环境图片素材打开，选择移动工具将其拖拽到内页 3 文件中，如图 7-60 所示。

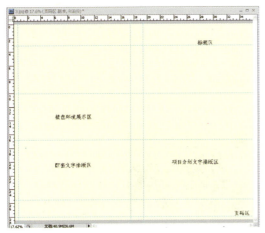

图 7-59　页面规划

图 7-60　楼盘环境素材载入

5　按组合键 Ctrl + T 自由变换，然后按住 Shift 键拖拽，调整图片大小及位置，如图 7-61 所示，双击鼠标左键确认。

6　选择圆角矩形工具，设置圆角半径为 50 像素，按住 Shift 键绘制三个圆角矩形，如图 7-62 所示。

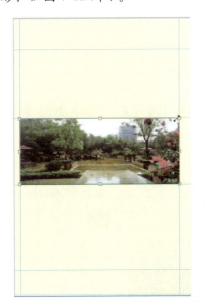

图 7-61　调整楼盘环境素材位置及大小

图 7-62　圆角矩形位置

7　按组合键 Ctrl + Enter 将路径转换为选区，再按组合键 Ctrl + Shift + I 反向选择，如图 7-63 所示。

8　单击楼盘环境图层，按 Delete 键，将选区内部图像删除，按组合键 Ctrl + D 取消选择，效果如图 7-64 所示。

图 7-63　反选区域　　　　　　　　　　图 7-64　删除多余图像

9　配套文字排版，中文、英文设置如图 7-65 所示。

图 7-65　配套设施文字排版

10　项目介绍文字排版，项目标题中英文设置如图 7-66 所示。

世界半山豪宅理念　大连荣耀传世名门
Eastern San Jose Hill-top Condominium

图 7-66　标题文字排版

11　项目介绍文字排版，内容中英文设置如图 7-67 所示。

12　制作装饰图形，选择圆形选框工具和矩形选框工具，填充黑色，效果如图 7-68 所示。

图 7-67　项目介绍文字排版　　　　　　图 7-68　装饰图形

13 标题区文字排版，选择横排文字工具，设置如图7-69所示。

图7-69 标题文字排版

14 页码区设计，选择横排文字工具，设置如图7-70所示。

15 选择"菜单／视图／清除参考线"将内页3参考线全部清除，此时内页3全部制作完成，效果如图7-71所示。

图7-70 页码区设计

图7-71 内页3最终效果

内页4、内页5制作方法与内页3相同，这里不再讲解。

实训要点

Photoshop中，文字排版的技巧；

Photoshop中，色彩范围的使用方法；

Photoshop中，魔棒的使用技巧；

Photoshop中，蒙版和路径的使用方法。

7.3 星海湾房产宣传册项目拓展练习

图 7-72 星海湾房产宣传册封面

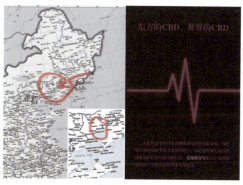

图 7-73 星海湾房产宣传册内页 1

图 7-74 星海湾房产宣传册内页 2

图 7-75 星海湾房产宣传册内页 3

图 7-76 星海湾房产宣传册内页 4

图 7-77 星海湾房产宣传册内页 5

工具提示： 参考线的运用、图像处理、图像调整、图像合成。

制作提示： 将设置好的页面用参考线分割出网格，再将收集的素材图片进行颜色校正处理，并合成到一起。将平面图设为外发光效果，最后进行文字排版。

第8章
建筑效果后期设计与制作

8.1 长城LED公司灯光照明设计与制作

图 8-1　原始图片与最终效果

8.1.1　项目构思

1. 前期调研

　　大连长城公司位于经济发达、风景秀丽、人才汇聚的海滨城市——大连，成立于1997年，注册资金5050万元，现有员工200余人，有一批致力于发展民族高新技术产业、具有专业经验的资深职业经理人。公司业务定位于LED产业链中下游的LED器件封装产业和光电显示照明应用领域，主要从事LED芯片封装，LED电子显示系统和LED光电照明系统的设计、制造和销售，是集技、工、贸于一体的高新技术企业。

该公司的"世纪长城"注册商标获得了辽宁省、大连市著名商标,"世纪长城"LED 显示屏被评为辽宁省、大连市名牌产品。同时,"世纪长城"已申报了国家驰名商标和中国名牌产品。

大连长城公司以大连国家半导体照明工程产业化基地建设为依托,经过 5 年的发展,形成了以大连为技术研发中心、深圳为主要产品生产基地,销售范围遍及全国并占据一定海外市场的发展模式,成为全国规模最大、实力最强的半导体照明生产企业之一。

2. 项目分析

本项目是给长城公司做的虚拟 LED 灯光效果的设计,将白天的会所照片设计为夜晚 LED 灯光效果。

8.1.2 项目设计

在设计时主要考虑到两点:首先要将白天的照片效果处理为夜晚效果,然后要将处理为夜晚效果的照片进行光照设计。本项目使用 Photoshop 软件制作,流程如图 8-2 所示。

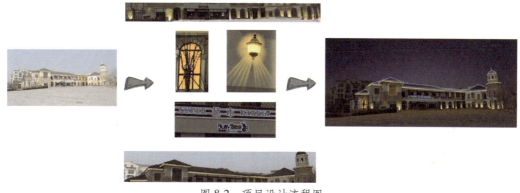

图 8-2 项目设计流程图

8.1.3 项目实施

1 将会所日景照片素材在 Photoshop 中打开,选择裁剪工具对素材进行裁剪,如图 8-3 所示,双击鼠标左键确认。

图 8-3 裁切图片

2　将背景图层拖拽到图层面板的新建按钮上，可以复制出一个新的背景层，如图 8-4 所示。以下操作都在新复制出的背景副本上进行，避免对原背景层的损坏。

图 8-4　复制背景

3　在背景副本图层上选择钢笔工具，将会所建筑主体抠出来，如图 8-5 所示。

图 8-5　用钢笔将建筑主体抠出

4　按组合键 Ctrl + Enter 将路径转换为选区，按组合键 Ctrl + J 将所选区域复制为一个新图层并命名为会所主体，如图 8-6 所示。

图 8-6　复制会所区域

5　新建一个图层命名为黑色，保持会所主体选区不变，在新建的图层填充黑色，调整图层的透明度，设置如图 8-7 所示，将黑色和会所主体图层合并。

图 8-7　黑色图层调整

⑥ 在会所主体图层上选择钢笔工具，将会所建筑中要表现射灯照亮的部分抠出来，如图8-8所示。

图8-8 钢笔工具将光照区域抠出

⑦ 按组合键Ctrl + Enter将路径转换为选区，按组合键Ctrl + J将所选区域复制为一个新图层命名为射灯，如图8-9所示。

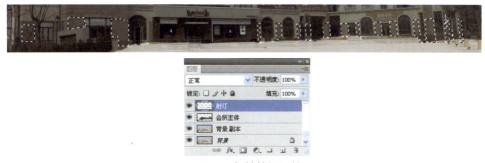

图8-9 复制射灯图层

⑧ 在射灯图层上选择菜单"滤镜/渲染/光照"，设置如图8-10所示。

图8-10 光照效果设置

⑨ 按组合键Ctrl + F重复光照滤镜，将射灯图层上逐一做出射灯效果，如图8-11所示。

图8-11 最终射灯效果

10 为了让射灯照射区域边缘自然，需要给射灯图层添加图层蒙版进行处理，如图 8-12 所示。

图 8-12　创建图层蒙版

11 选择柔角灰色画笔，在图层蒙版上的射灯照射区域边缘涂抹，效果如图 8-13 所示。

图 8-13　灯光边缘处理

12 在背景副本图层上选择钢笔工具，将会所地面抠出来，如图 8-14 所示。

图 8-14　钢笔工具将地面抠出

13 按组合键 Ctrl + Enter 将路径转换为选区，按组合键 Ctrl + J 将所选区域复制为一个新图层命名为地面，如图 8-15 所示。

图 8-15　复制地面区域

14 保持地面选区不变，同时新建一个图层命名为黑色，调整黑色图层透明度，设置如图 8-16 所示，将地面图层与黑色图层合并。

图 8-16　黑色图层调整

15 保持地面选区不变，同时新建一个图层命名为地面光照，在地面光照图层上选择柔角画笔颜色，设置如图 8-17 所示。

16 绘制地面光照效果，效果如图 8-18 所示。

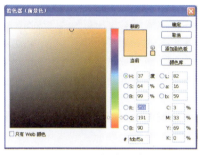

图 8-17　颜色设定　　　　　　　　　图 8-18　地面光照效果

17 将地面光照图层的混合模式更改为叠加，按组合键 Ctrl + D 取消选择，效果如图 8-19 所示。

图 8-19　地面光照效果

18 新建一个屋檐发光图层，选择多边形套索工具将屋檐发光区域选中，如图 8-20 所示。

图 8-20　屋檐发光区域选区

19 选择柔角画笔，设置颜色如图 8-21 所示，沿发光区域涂抹，然后按组合键 Ctrl + D 取消选择。

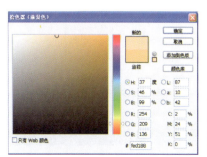

图 8-21　画笔绘制屋檐发光区域

20 在背景副本图层上选择钢笔工具将会所屋顶抠出来，如图 8-22 所示。

图 8-22　用钢笔工具将屋顶抠出

21 按组合键 Ctrl + Enter 将路径转换为选区，按组合键 Ctrl + J 将所选区域复制为一个新图层命名为屋顶发光，如图 8-23 所示。

22 选择菜单"图像 / 调整 / 亮度 / 对比度"，设置如图 8-24 所示。

图 8-23　复制屋顶区域　　　　　　　　　图 8-24　调整屋顶亮度 / 对比度

23 给屋顶发光图层添加内发光图层样式，如图 8-25 所示。

24 内发光样式设置如图 8-26 所示。

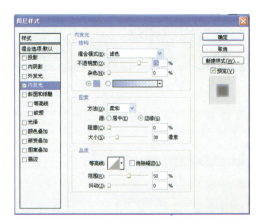

图 8-25　屋顶添加图层样式　　　　　　图 8-26　内发光样式对话框

25 在背景副本图层上选择魔棒工具将文字部分选中，按组合键 Ctrl + J 将所选区域复制为一个新图层命名为文字发光，如图 8-27 所示。

图 8-27　选取文字区域

26 给文字发光图层添加外发光图层样式，设置如图 8-28 所示，按组合键 Ctrl + D 取消选择。

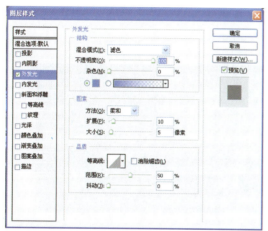

图 8-28　外发光图层样式对话框

27 用魔棒工具选择窗户部分，保持选区不变，新建一个图层命名为窗户 1 并填充颜色，设置如图 8-29 所示。

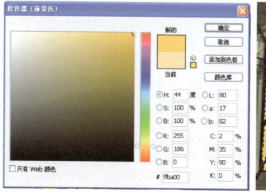

图 8-29　填充窗户区域

28 将窗户1图层混合模式更改为叠加模式，效果如图8-30所示。

29 将窗户1图层复制，效果如图8-31所示，其他窗户发光效果制作方法同上。

图8-30 更改图层叠加模式

图8-31 复制调整后窗户图层

30 将天空素材打开，用移动工具将其拖拽到文件中，调整其大小及位置。将天空图层放在会所主体图层下面，效果如图8-32所示。

图8-32 调整天空素材位置及大小

31 将灯素材打开，选择多边形套索工具将其中一个灯选中，拖拽到文件中，将图层命名为灯，如图8-33所示。

32 调整灯的颜色，选择菜单"图像/调整/色相/饱和度"命令，在弹出的对话框中，可以分别对色相、饱和度、明度进行调节，效果如图8-34所示。

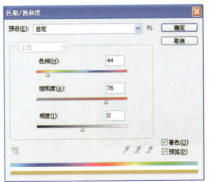

图8-33 选取路灯素材

图8-34 调整色相/饱和度

33 制作灯周围的光线，首先要安装特殊光线笔刷，将光盘中提供的笔刷文件夹下的光线笔刷文件复制到"C:\Program Files\Adobe\Adobe Photoshop CS4\Presets\Brushes"目录下，安装完成。打开 Photoshop 软件，选择画笔工具，载入光线画笔，设置如图 8-35 所示。

34 制作灯周围的光线，选择光线画笔中的 as-lightbrush22 画笔，颜色设置为黄色，在灯的周围绘制，效果如图 8-36 所示。

图 8-35 载入光线笔刷

图 8-36 灯光绘制效果

35 复制多个灯，选择移动工具并按住 Alt 键移动灯，将复制出来的灯进行调整，效果如图 8-37 所示。

36 绘制灯发出的光线，选择 as-lightbrush18 画笔，颜色设置为黄色，在灯的下面绘制，效果如图 8-38 所示。

图 8-37 复制灯光

图 8-38 灯光发光效果

37 照片处理全部完成，效果如图 8-39 所示。

图 8-39 长城 LED 公司灯光照明设计最终效果

实训要点

Photoshop 中，裁剪工具的使用方法；

Photoshop 中，图层特效的灵活运用；

Photoshop 中，光照滤镜的灵活运用；

Photoshop 中，特殊画笔工具的运用。

8.2 南京体育馆休息大厅室内效果图后期制作

图 8-40　原始图片与最终效果

8.2.1　项目构思

1．前期调研

南京奥体中心位于南京河西新城区中心区域，其西南面为南京地铁一号线的终点站，正在建设中的地铁二号线在其东面。奥体中心占地面积 89.6 公顷，总建筑面积约 40.1 万平方米，总投资约 40 亿元，于 2002 年 8 月 18 日正式开工，2004 年底建成，2005 年 5 月 1 日交付运行。

2．项目分析

本项目是南京奥体中心体育馆休息大厅室内效果图的后期制作，由于是公共场所，休息大厅的照明要明亮，还要体现体育馆周边的优美环境，这些都是在制作效果图时不能很好体现的，只有通过后期的合成处理才能实现。

8.2.2　项目设计

在设计时主要考虑到两点：首先要将效果图的色调调整得更为明快，将缺少灯光效果的部分添加灯光。另外要将窗户的玻璃修改为透明，这样可以添加室外风景照片体现室外优美环境。本项目使用 Photoshop 软件制作，流程如图 8-41 所示。

图 8-41　项目设计流程图

8.2.3　项目实施

1　将背景图层拖拽到图层面板的新建按钮上，复制出一个新的背景层，如图 8-42 所示。以下操作都在新复制出的背景副本上进行，避免损坏原背景层。

图 8-42　复制背景图层

2　选择背景副本图层，按组合键 Ctrl + M 打开曲线调整对话框，调整图像亮度，效果如图 8-43 所示。

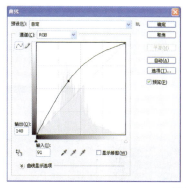 

图 8-43　曲线调整对话框

3 调整完图像整体亮度之后，观察发现图像顶棚亮度不够，将顶棚单独选择调整。选择工具栏中的钢笔工具，抠出顶棚区域，如图 8-44 所示。

图 8-44 用钢笔工具将顶棚区域抠出

4 按组合键 Ctrl + Enter 将路径转换为选区，按组合键 Ctrl + J 将所选区域复制为一个新图层命名为顶棚，如图 8-45 所示。

图 8-45 复制顶棚区域

5 选择顶棚图层，按组合键 Ctrl + M 曲线调整图像亮度，效果如图 8-46 所示。

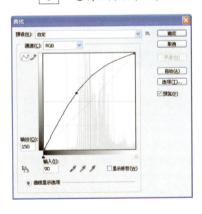

图 8-46 调整顶棚亮度

6 选择工具箱中的魔棒工具，选择圆形吊灯，按组合键 Ctrl + J 将所选区域复制为一个新图层命名为吊灯，如图 8-47 所示。

图 8-47 选择吊灯区域

⑦ 给吊灯图层添加外发光图层样式，设置如图 8-48 所示。

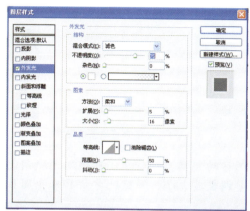

图 8-48　吊灯图层添加外发光图层样式

⑧ 将光域网素材文件打开，选择工具箱中的移动工具，将光域网文件拖拽到室内效果图文件中，如图 8-49 所示。

⑨ 按组合键 Ctrl + T 自由变换，按住 Shift 键拖拽光域网，图像夹角位置可以等比例缩放，图片调整位置及大小，如图 8-50 所示。

⑩ 按组合键 Ctrl + Shift + U，将光域网去色，效果如图 8-51 所示。

图 8-49　光域网素材载入

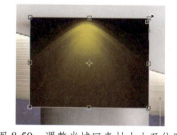
图 8-50　调整光域网素材大小及位置

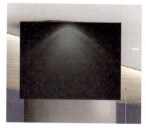
图 8-51　光域网素材去色

⑪ 选择菜单"图像 / 调整 / 亮度对比度"命令，调整光域网的亮度，效果如图 8-52 所示。

⑫ 将光域网图层的混合模式更改为线性减淡，效果如图 8-53 所示。

图 8-52　调整光域网素材亮度

图 8-53　更改光域网素材图层混合模式

13　选择工具箱中的橡皮工具，设置橡皮为柔角画笔，降低透明度和流量，将光域网图层边缘擦除，效果如图 8-54 所示。

图 8-54　处理光域网素材边缘

14　选择工具箱中的移动工具，按住 Alt 键移动光域网图层，复制出光域网图层副本，按组合键 Ctrl + T 调整其大小。依照此方法将每个圆柱上的光线调整好，效果如图 8-55 所示。

15　添加室内配景植物，打开植物素材，选择工具箱中的移动工具将植物素材文件拖拽到室内效果图文件中，按组合键 Ctrl + T 自由变换，调整植物位置及大小，如图 8-56 所示。

图 8-55　复制光域网素材调整位置及大小

图 8-56　载入植物素材

16　按 Ctrl 键和鼠标左键单击植物图层缩览图位置，将植物图层选区载入，如图 8-57 所示。

图 8-57　载入植物素材选区

17 保持选区不变，新建一个图层填充黄色，颜色设置如图 8-58 所示。

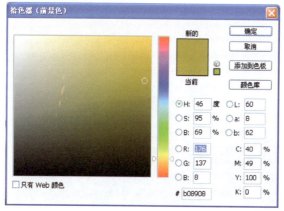

图 8-58　颜色设定

18 将黄色图层的混合模式更改为叠加模式，效果如图 8-59 所示。

图 8-59　叠加图层效果

19 选择工具箱中的魔棒工具，在背景副本图层上将窗户部分选中，按组合键 Ctrl＋J 将选择部分复制成一个新的图层命名为玻璃，如图 8-60 所示。

图 8-60　选取玻璃选区

20 将风景素材文件打开，选择工具箱中的移动工具，将风景素材文件拖拽到室内效果图文件中，按组合键 Ctrl + T 自由变换，调整风景大小及位置，如图 8-61 所示。

图 8-61　载入风景素材

21 按 Ctrl 键和鼠标左键单击玻璃图层缩览图位置，将玻璃图层选区载入，如图 8-62 所示。

图 8-62　载入玻璃图层选区

22 单击风景图层，按组合键 Ctrl + Shift + I 反选，将玻璃之外的部分选中，效果如图 8-63 所示。

图 8-63　删除多余图像

23　按 Delete 键将选中部分删除，按组合键 Ctrl＋D 取消选中，效果如图 8-64 所示。

图 8-64　删除后风景效果

24　将玻璃图层移到风景图层上面，将玻璃图层的透明度调低，效果如图 8-65 所示。

图 8-65　调整玻璃图层透明度

25　室内效果图后期制作全部完成，效果如图 8-66 所示。

图 8-66　南京体育馆休息大厅室内效果图最终效果

实训要点

Photoshop 中，图像曲线调整的应用；

Photoshop 中，图层特效的灵活运用；

Photoshop 中，素材合成的应用。

8.3 室内效果图后期制作项目拓展练习

图 8-67 室内效果图原始图片

图 8-68 室内效果图后期制作最终效果

工具提示: 图像曲线调整、钢笔工具、画笔工具和修复画笔工具等。

制作提示: 将素材文件打开,对图像颜色进行校正;使用修复工具,修补图像中的瑕疵;使用画笔工具,补充室内灯光效果;选择素材文件添加室外配景;选择植物等素材文件添加室内配景。

第9章
网页界面设计与制作

9.1 网页界面设计概述

9.1.1 网页界面设计

　　网页界面设计作为最受用户关注的设计，必须在最小的空间内，妥善地排列所用的画面构成、有趣的要素和有亲和力的介绍等内容。网页界面设计首先应考虑用户使用的便利程度和网站的全部流程，还要考虑网站必须具有界面的独立性和创意性。在网页界面设计中，最重要的是要使用户能够最方便地查找信息，感受到趣味，如图9-1～9-3所示。

图 9-1　美食网站界面设计

图 9-2　雅漾美容网站界面设计

图 9-3　田园度假网站界面设计

9.1.2　网页界面设计的特性

1.　使用的便利性

许多调查机构的资料显示人们在上网时，与视觉要素或内容相比，不满得最多的是登录的速度、导航要素的不便和功能使用的烦琐等。实际上在上网冲浪时，大部分人都曾不止一次的遇到过自己访问的网站速度突然慢很多、进了死胡同而不知道该去哪里或为了找菜单而徘徊等情况，这就是没有充分建立以用户为中心思考的模式。为了做出好的网页界面，首先就应把以作者为中心的思考模式转换为以用户为中心的思考模式。为了营造良好的操作环境，我们应把体系化的信息和看起来便利、有意义、分明的视觉要素有机地结合起来。此外，把网页的目的说明清楚也会给用户带来方便，给人们留下很深的印象。

如果过分强调美学层面的东西，把页面上的文字调得很小或与背景颜色太接近，都会给用户在读取网页时带来不便。如果再多为用户考虑一点，把用户很关心或能帮助其解决问题的功能和介绍等内容都添加进网页，则会更受欢迎。

2.　一贯性

在设计界面时考虑好一贯性会对提高使用的便利性有很大的帮助。例如，基本的菜单应安排在各个页面的一定位置，表示各种功能的图像或语言的意义要清楚。如果网站整体的设计都保持一贯性，那么它的用户即便使用经验很少，也能很容易地使用该网站的功能或利用该网站的信息。

3.　创意性

对于网页界面的设计来说，难点不仅在于使用的便利性和一贯性，普遍性和创意性（或者说独创性）也是需要考虑的内容。比如，制作一个公司的网站时，不仅要兼顾用户的便利，同时也要把这个公司引人注目的地方一起展现出来，有个性、能够给人留下深刻的印象是最好的。大部分的页面设计都要考虑以上两方面的内容。

9.2 网页元素设计与制作1：按钮设计与制作

图 9-4　系列按钮效果

9.2.1　项目构思

在网页设计中，按钮的设计是非常重要的，它起到"勾引"用户的作用。设计师 Seth Godin 将按钮比喻成香蕉，而你的用户则被比喻成可爱的小猴子。我们的目标是能够让小猴子在 3 秒之内快速找到它们想要的香蕉，也就是在用户放弃并离开你的网站之前。强迫你自己在设计每个网页的时候都要遵循一个且仅有的一个目标，那就是"香蕉"——让它更大、更醒目、更美观！

9.2.2　项目设计

在设计这个按钮项目时要考虑到了以下几个方面。

颜色：颜色一定要能与平静的页面相比更加与众不同，因此它要使用更亮而且有高对比度的颜色。

位置：它们应当在用户更容易找到它们的地方。产品旁边、页头、导航的顶部右侧，这些都是醒目且不难找到的地方。

文字：在按钮上使用什么文字表达给用户是非常重要的。它应当简短，切中要点，并以动词开始，如：注册、下载、创建和尝试等。

按钮不能和网页中的其他元素挤在一起，它需要充足的外边距才能更加突出，也需要更多的内边距才能让文字更容易阅读。本项目使用 Photoshop 软件制作，流程如图 9-5 所示。

图 9-5　项目设计流程图

9.2.3 项目实施

[1] 在 Photoshop 文件下拉菜单中创建一个新文件，页面设置为 10×10，单位为厘米，分辨率 72 像素 / 英寸，颜色模式为 RGB 颜色，如图 9-6 所示。

[2] 在新建的图层上，选择椭圆选框工具配合 Shift 键绘制一个正圆，如图 9-7 所示。

图 9-6 新建文档对话框

图 9-7 创建正圆选区

[3] 选择渐变工具，在渐变栏里设置渐变颜色，如图 9-8 所示。

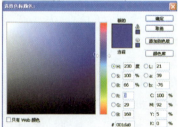
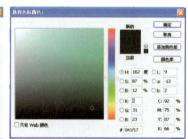

图 9-8 渐变设置

[4] 选择径向渐变类型，在选区内由上向下拖拽鼠标，按组合键 Ctrl + D 取消选择，如图 9-9 所示。

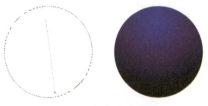

图 9-9 渐变填充效果

[5] 新建图层制作高光，选择椭圆选框工具绘制一个椭圆形，选择渐变工具，在渐变栏里设置渐变颜色，设置渐变透明度，如图 9-10 所示。

图 9-10　渐变设置

6　选择线性渐变类型，在选区内由上向下拖拽鼠标，按组合键 Ctrl + D 取消选择，如图 9-11 所示。

7　制作反光，选择钢笔工具，选择路径选项做出月牙形路径，按组合键 Ctrl + Enter 将路径转换为选区，如图 9-12 所示。

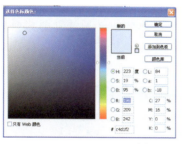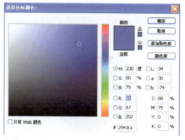

图 9-11　高光渐变填充效果　　　　　　　　　　　　图 9-12　反光位置

8　选择渐变工具，在渐变栏里设置渐变颜色，如图 9-13 所示。

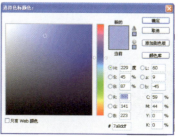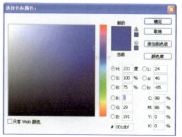

图 9-13　渐变设置

⑨ 选择线性渐变类型，在选区内由下向上拖拽鼠标，按组合键 Ctrl + D 取消选择，如图 9-14 所示。

⑩ 制作投影，新建一个图层，选择椭圆选框工具绘制一个椭圆形，如图 9-15 所示。

图 9-14　反光渐变效果

图 9-15　投影选区

⑪ 选择菜单"选择 / 修改 / 羽化"命令，在对话框里设置羽化数值，如图 9-16 所示。

图 9-16　选区羽化

⑫ 选择渐变工具，在渐变栏里设置渐变颜色，设置渐变的右侧色标透明度为 0，如图 9-17 所示。

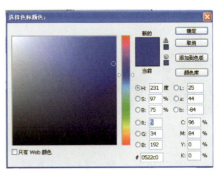

图 9-17　投影渐变设置

⑬ 选择径向渐变类型，在选区内由内向外拖拽鼠标，按组合键 Ctrl + D 取消选择，将投影层移动到底层，如图 9-18 所示。

⑭ 选择文字工具输入文字，如图 9-19 所示。

图 9-18　投影渐变效果

图 9-19　文字输入

15 制作系列按钮，在 Photoshop 文件下拉菜单中创建一个新文件，页面设置为 28×11，单位为厘米，分辨率72像素/英寸，颜色模式为 RGB 颜色，如图 9-20 所示。

16 选择工具栏中的移动工具，将制作好的按钮拖拽到新建文件中。用移动工具调整按钮位置同时按住 Alt 键拖拽按钮，复制出四个新的图层，分别对其颜色进行调整。具体方法是选择菜单"图像／调整／色相／饱和度"命令，在弹出的对话框中，可以分别对色相、饱和度、明度进行调节，得到多种不同颜色的系列按钮，如图 9-21 所示。

图 9-20　新建文档对话框

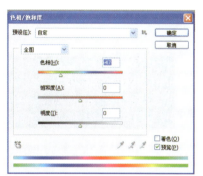

图 9-21　系列按钮效果

实训要点

Photoshop 中，渐变工具 的灵活运用；
Photoshop 中，图像调整的灵活运用；
Photoshop 中，钢笔的使用方法；
Photoshop 中，选区修改的运用。

9.3　网页元素设计与制作2：导航栏设计与制作

图 9-22　导航栏设计效果

9.3.1 项目构思

网站导航（navigation）是指通过一定的技术手段，为网站的访问者提供一定的途径，使其可以方便地访问到所需的内容。

9.3.2 项目设计

网站导航表现为网站的栏目菜单设置、辅助菜单和其他在线帮助等形式。网站导航设置是在网站栏目结构的基础上，进一步为用户浏览网站提供的提示系统。由于各个网站设计并没有统一的标准，不仅菜单设置各不相同，打开网页的方式也有区别，有些是在同一窗口打开新网页，有些是新打开一个浏览器窗口，因此仅有网站栏目菜单有时会让用户在浏览网页过程中迷失方向，如无法回到首页或者上一级页面等，还需要辅助性的导航来帮助用户方便地使用网站信息。本项目使用 Photoshop 软件制作，流程如图 9-23 所示。

图 9-23　导航栏设计流程图

9.3.3 项目实施

1　在 Photoshop 文件下拉菜单中创建一个新文件，页面设置为 29×12，单位为厘米，分辨率 72 像素 / 英寸，颜色模式为 RGB 颜色，如图 9-24 所示。

2　制作导航栏，将背景填充为黑色，选择圆角矩形工具中的路径选项，将圆角半径设置为 300px，设置如图 9-25 所示。

3　选择直接选择工具，选择路径下面的两个点调整，按组合键 Ctrl + Enter 将路径转换为选区，如图 9-26 所示。

图 9-24　新建文档对话框

图 9-25　设置圆角矩形半径

图 9-26　调整圆角矩形

4　给选区填充颜色，设置如图 9-27 所示。

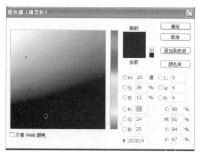

图 9-27　颜色设置

5　将选区存储，为制作其他图形做准备，选择菜单"选择 / 存储选区"命令，在弹出的对话框中将选区命名为 1，如图 9-28 所示。

6　择菜单"选择 / 修改 / 收缩"命令，在弹出的对话框中设置收缩数值为 12 像素，设置如图 9-29 所示。

图 9-28　存储选区

图 9-29　修改选区

7　选择矩形选框工具中的与选区交叉选项，在现有选区上拖拽鼠标建立选区，只保留两选区相交部分，如图 9-30 所示。

图 9-30　保留选区交叉区域

8　给相交部分选区填充颜色，颜色设置如图 9-31 所示，填充后按组合键 Ctrl + D 取消选择。

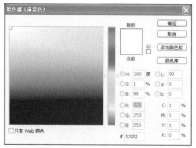

图 9-31　颜色填充

9　选择菜单"选择/载入选区"命令，在弹出的对话框中，在通道栏中将选区1载入，如图 9-32 所示。

图 9-32　载入选区

10　选择菜单"选择/修改/收缩"命令，在弹出的对话框中设置收缩数值为 12 像素，设置如图 9-33 所示。

图 9-33　收缩选区设置

11　选择矩形选框工具中的与选区交叉选项，在现有选区上拖拽鼠标建立选区，只保留两选区相交部分，如图 9-34 所示。

图 9-34　保留选区交叉区域

12　给相交部分选区填充渐变，选择线性渐变，由上向下拖拽鼠标，颜色设置如图 9-35，渐变填充后按组合键 Ctrl + D 取消选择。

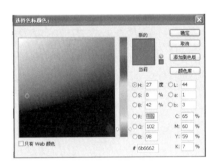
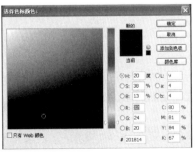

图 9-35　渐变设置

13　选择菜单"选择 / 载入选区"命令，在弹出的对话框的通道栏中将选区 1 载入，如图 9-36 所示。

图 9-36　再次将选区 1 载入

14　择菜单"选择 / 修改 / 收缩"命令，在弹出的对话框中设置收缩数值为 24 像素，如图 9-37 所示。

图 9-37　收缩选区设置

15　给选区填充线性渐变，由上向下拖拽鼠标，颜色设置如图，渐变填充后按组合键 Ctrl + D 取消选择，如图 9-38 所示。

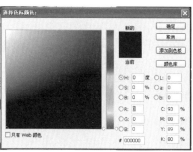

图 9-38　渐变设置

16 制作按钮选择圆角矩形工具中的路径选项，将圆角半径设置为30px，设置如图 9-39 所示。

图 9-39 圆角矩形按钮

17 选择路径选择工具选择路径，同时按住 Alt 键复制出多个路径，如图 9-40 所示。

18 按组合键 Ctrl + Enter 将路径转换为选区，如图 9-41 所示。

图 9-40 复制按钮路径　　　　　　　　　图 9-41 路径转换选区

19 将选区存储，为制作其他图形做准备，选择菜单"选择 / 存储选区"命令，在弹出的对话框中将选区命名为 2，如图 9-42 所示。

20 选择矩形选框工具中的与选区交叉选项，在现有选区上拖拽鼠标建立选区，只保留两选区相交部分，如图 9-43 所示。

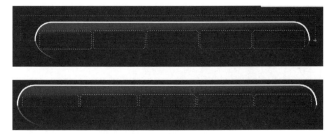

图 9-42 存储选区 2　　　　　　　　　图 9-43 保留选区交叉区域

21 给相交部分选区填充颜色，颜色设置如图 9-44 所示，颜色填充后按组合键 Ctrl + D 取消选择。

图 9-44 颜色设置

22 选择菜单选择 / 载入选区命令，在弹出的对话框中，在通道栏中将选区 2 载入，如图 9-45 所示。

图 9-45　载入选区 2

23　选择矩形选框工具中的与选区交叉选项，在现有选区上拖拽鼠标建立选区，只保留两选区相交部分，如图 9-46 所示。

图 9-46　保留选区交叉区域

24　给相交部分选区填充颜色，颜色设置如图 9-47，将颜色填充后按组合键 Ctrl + D 取消选择。

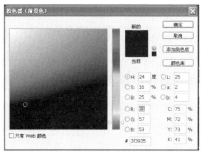

图 9-47　颜色设置

25　选择菜单"选择/载入选区"命令，在弹出的对话框的通道栏中将选区 2 载入，如图 9-48 所示。

图 9-48　再次将选区 2 载入

26　选择菜单"选择/修改/收缩"命令，在弹出的对话框中设置收缩数值为 6 像素，如图 9-49 所示。

图 9-49　选区收缩设置

27 给选区填充渐变，选择线性渐变类型，由上向下拖拽鼠标，颜色设置如图 9-50 所示，渐变填充后按组合键 Ctrl + D 取消选择。

图 9-50 渐变设置

28 在按钮上输入文字，设置如图 9-51 所示。

图 9-51 文字排版

29 制作导航栏投影，选择椭圆选框工具，设置羽化值是 22，填充径向渐变，设置如图 9-52 所示。

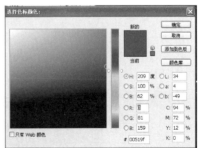

图 9-52 投影渐变效果

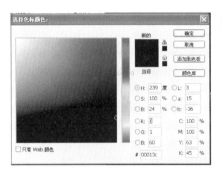

图9-52 投影渐变效果（续）

30 制作标志，选择钢笔工具勾出一个心形，按组合键 Ctrl + Enter 将路径转换为选区，如图9-53所示。

31 填充线性渐变，颜色设置如图9-54所示，渐变填充后按组合键 Ctrl + D 取消选择。

图9-53 绘制心形

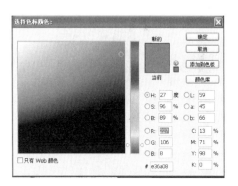

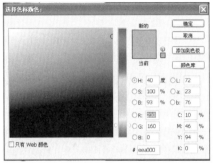

图9-54 橙色渐变设置

32 将心形图层复制命名为心形 2，填充渐变如图 9-55 设置。

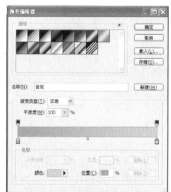

图 9-55 蓝色渐变设置

33 按组合键 Ctrl + T 自由变换，将心形 2 中心点调整到中间，输入旋转角度为 90 度，效果如图 9-56 所示。

图 9-56 自由变换

34 其余两个心形的制作方法同上，填充渐变颜色如图 9-57 所示。

35 选择横排文字蒙版工具输入文字，按提交当前所有编辑按钮，输入文字转换为选区，如图 9-58 所示。

图 9-57 心形最终效果   图 9-58 文字蒙版效果

[36] 将文字选区存储，选择菜单"选择/存储选区"命令，在弹出的对话框中，将选区命名为3，如图9-59所示。

[37] 制作文字的上半部分，选择矩形选框工具中的与选区交叉选项，在现有选区上拖拽鼠标建立选区，只保留两选区相交部分，如图9-60所示。

图9-59　存储文字选区

图9-60　保留选区交叉区域

[38] 给相交部分选区填充线性渐变，由上向下拖拽鼠标，颜色设置如图9-61所示，渐变填充后按组合键Ctrl+D取消选择。

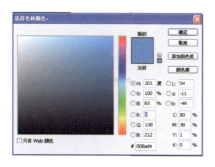

图9-61　文字渐变设置

[39] 文字下半部分制作方法同上，效果如图9-62所示。

图9-62　文字最终效果

[40] 将已经制作好的导航栏投影图层复制，缩小放在文字下面，如图9-63所示。

[41] 搜索栏制作方法同导航栏制作方法相同，效果如图9-64所示。

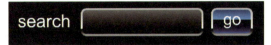

图 9-63　文字投影效果	图 9-64　搜索栏效果

42　网页导航栏全部完成，最终效果如图 9-65 所示。

图 9-65　导航栏最终效果

实训要点

Photoshop 中，渐变 的灵活运用；

Photoshop 中，钢笔 的使用方法；

Photoshop 中，横排文字蒙版工具 的使用方法；

Photoshop 中，存储、载入选区的运用。

9.4　美食网页设计与制作

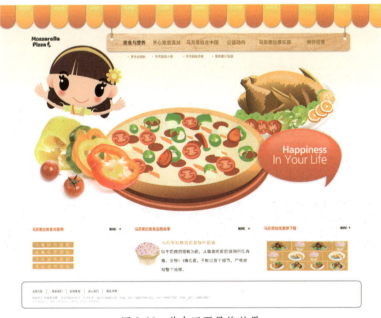

图 9-66　美食网页最终效果

9.4.1 项目构思

1. 前期调研

马苏里拉（Mozzarella）美食网站是以制作披萨（Pizza）的奶酪名来命名的网站，主要宣传正宗的西方美食及制作方法。马苏里拉公司是披萨专卖连锁企业，遍布全国20多个城市，每天接待超过1万位顾客，烤制2万多个披萨饼。马苏里拉公司已在营业额和餐厅数量上，迅速成为全国领先的披萨连锁餐厅企业。

2. 项目分析

此网页的主体风格为售卖型商业网站，网页设计中除了考虑基本的版面布局之外，还要考虑网站主要的宣传对象，增加西餐的制作和原料等相关信息。在设计时，图形元素的选择要考虑在西餐中经常出现的原料，例如彩椒、西红柿、洋葱等，还要有成品，例如主打食品披萨、烤鸡等。色彩设计应选择能激发人食欲的橙色和红色。本项目使用 Photoshop 和 Illustrator 软件制作。

9.4.2 项目设计

1. 项目草图及规划

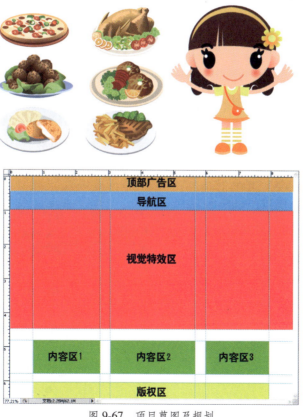

图 9-67　项目草图及规划

2. 项目颜色设定

R244
G106
B20

R250
G216
B173

R255
G245
B225

R255
G235
B32

R255
G176
B0

图 9-68　项目颜色设定

3. 项目设计流程

图 9-69　项目设计流程图

9.4.3　项目实施

1. 网页界面规划和设计

[1]　在 Photoshop 文件下拉菜单中创建一个新文件，页面设置为 1024×768，单位为像素，分辨率 72 像素/英寸，颜色模式为 RGB 颜色，如图 9-70 所示。

[2]　按组合键 Ctrl + R 打开标尺，用移动工具在标尺上拖拽出参考线，将页面分割为顶部广告区、导航区、视觉特效区、内容区和版权区几个大的模块，如图 9-71 所示。

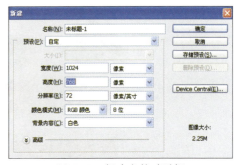

图 9-70　新建文档对话框

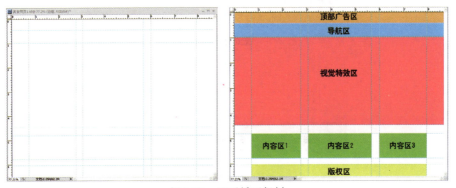

图 9-71　网页界面规划

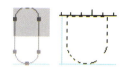

2. 顶部广告区设计与制作

[1] 布局安排好之后，整个页面由上至下来制作。顶部广告区制作方法：选择工具箱中的圆角矩形工具，圆角半径设定为50px，按组合键 Ctrl + Enter 将路径转换为选区，如图 9-72 所示。

[2] 新建一个图层命名为橙色，将选区填充任意一种颜色，给图层添加图层样式为渐变叠加，具体设置如图 9-73 所示。

图 9-72　圆角选区

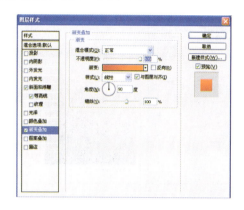

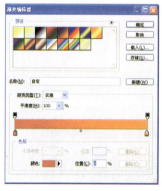

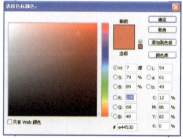

图 9-73　渐变叠加图层样式设置

[3] 再给橙色图层添加图层样式为斜面和浮雕，设置如图 9-74 所示。

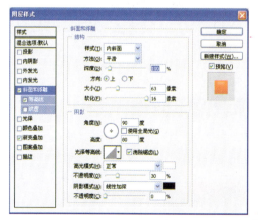

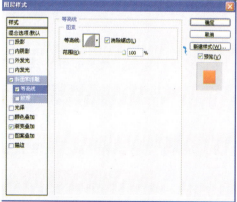

图 9-74　斜面和浮雕图层样式设置

4　复制选区，效果如图 9-75 所示。

图 9-75　复制橙色区域效果

5　将橙色图层复制命名为黄色，用移动工具调整其位置，更改渐变叠加中的颜色，如图 9-76 所示。

图 9-76　黄色区域调整方法

6　制作投影，用魔棒工具选择图形选区，按组合键 Shift + F6 羽化选区，羽化半径设置为 5px，填充灰色，效果如图 9-77 所示。

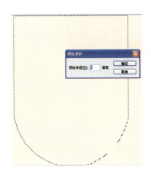

图 9-77　投影制作方法

7　将投影复制，效果如图 9-78 所示。

图 9-78　复制投影效果

8　顶部广告区制作完成，效果如图 9-79 所示。

图 9-79　广告区最终效果

3. 导航区设计与制作

1️⃣ 制作网站标志，输入文字，设置如图 9-80 所示，用钢笔工具勾出叶子形状标志，如图 9-80 所示。

图 9-80　网站标志

2️⃣ 菜单栏制作方法，新建图层命名为矩形，在新建图层上选择圆角矩形工具，圆角半径设置为 50px，颜色设置如图 9-81 所示。

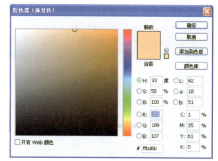

图 9-81　菜单栏颜色设置

3️⃣ 给矩形图层添加投影图层样式，设置如图 9-82 所示。

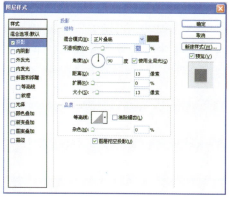

图 9-82　菜单栏投影设置

4️⃣ 将素材文件夹中的木纹 1 打开，用移动工具拖拽到矩形图层上层，用魔棒工具选择矩形，在木纹 1 图层按组合键 Ctrl + Shift + I 反选，按 Delete 键删除选区之外的区域，如图 9-83 所示。

图 9-83　木纹 1 素材

5　将木纹 1 图层的混合模式更改为正片叠底，如图 9-84 所示。

图 9-84　更改木纹 1 素材图层混合模式

6　将素材文件夹中的木纹 2 打开，用移动工具拖拽到木纹 1 图层上层，用魔棒工具选择矩形，在木纹 2 图层按组合键 Ctrl + Shift + I 反选，按 Delete 键删除选区之外的区域，如图 9-85 所示。

图 9-85　木纹 2 素材

7　将木纹 2 图层的混合模式更改为滤色，如图 9-86 所示。

图 9-86　更改木纹 2 素材图层的混合模式

8　圆孔制作方法。新建图层命名为圆孔，用圆形选框工具画出圆形选区并填充白色，添加内阴影图层样式，如图 9-87 所示。

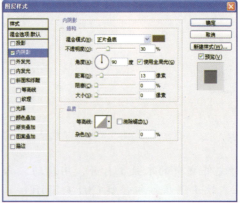

图 9-87　圆孔制作方法

9　复制圆孔图层，调整位置如图 9-88 所示。

图 9-88　圆孔位置及大小

10　用多边形套索工具画出绳子的选区，填充颜色，复制绳子图层，调整位置，如图 9-89 所示。

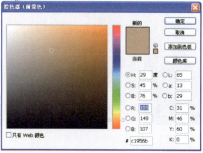

图 9-89　绳子制作方法

11　在菜单栏上输入文字，颜色、字体、字号，文字图层添加投影图层样式，设置如图 9-90 所示。

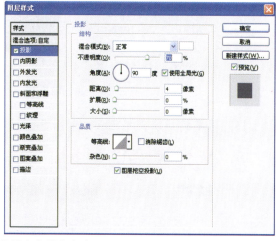

图 9-90　菜单栏文字制作方法

12 将菜单栏上的其他文字按照图 9-91 所示的设置依次输入。

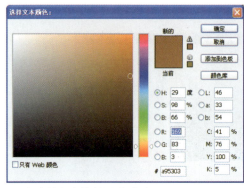

图 9-91　菜单栏文字排版最终效果

13 将小菜单栏文字按照图 9-92 的设置依次输入，在自定义形状工具中选择三角形，依次按如图 9-92 所示排列。

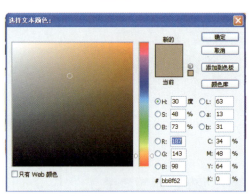

图 9-92　文字排版

14 菜单栏部分全部完成，如图 9-93 所示。

图 9-93　菜单栏最终效果

4. 视觉特效区设计与制作

1 新建图层，命名为粉色，填充渐变颜色，如图 9-94 所示。

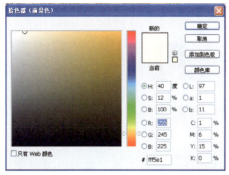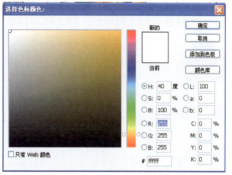

图 9-94　渐变设置

2 将大眼妹 AI 素材在 Illustrator 中打开，在 Photoshop 和 Illustrator 两个软件同时打开时，用选择工具从 Illustrator 中拖拽到 Photoshop，形成一个矢量智能对象，如图 9-95 所示。

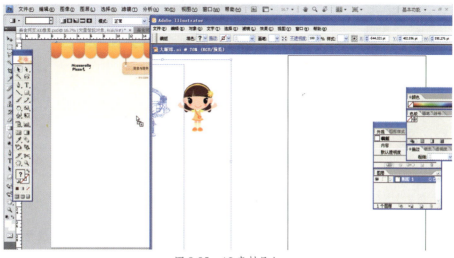

图 9-95　AI 素材导入

③ 将大眼妹调入 Photoshop 后，双击鼠标左键确认。按鼠标右键将矢量智能对象图层栅格化变为普通图层，命名为大眼妹，如图 9-96 所示。

图 9-96　栅格化图层

④ 用钢笔工具勾出桌子的形状，按组合键 Ctrl + Enter 将路径转换为选区，填充白色，如图 9-97 所示。

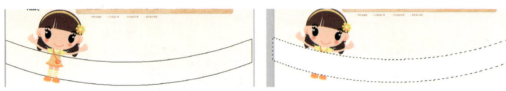

图 9-97　制作桌子

⑤ 将彩椒和西红柿素材依次打开，拖拽到桌子图层上层，调整位置及大小，如图 9-98 所示。

⑥ 将美食 AI 素材在 Illustrator 中打开，用选择工具将披萨拖拽到 Photoshop 中，具体方法同第 2 步调入大眼妹的方法，调整位置及大小，如图 9-99 所示。

图 9-98　调整素材位置及大小　　　　　图 9-99　AI 素材导入

⑦ 按组合键 Ctrl + U 调整披萨的色相/饱和度，将饱和度调高让披萨看上去新鲜，如图 9-100 所示。

图 9-100　调整饱和度设置

⑧　将烤鸡调入进来，方法同上，调整大小及位置，调整色相/饱和度，最终效果如图 9-101 所示。

图 9-101　调整素材位置及大小

⑨　制作气泡，选择自定义形状工具，追加全部形状，如图 9-102 所示。

⑩　找到会话 2 形状，调整大小和位置，按组合键 Ctrl + Enter 将路径转换为选区填充白色，如图 9-103 所示。

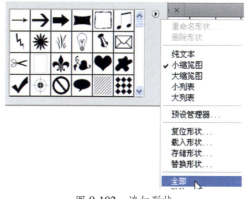

图 9-102　追加形状

图 9-103　路径转换选区

[11] 给气泡图层添加渐变叠加图层样式，设置如图 9-104 所示。

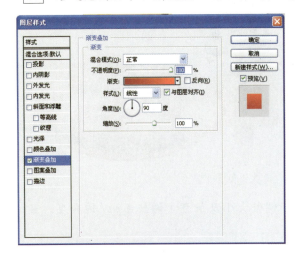
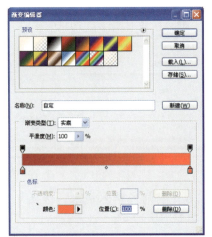

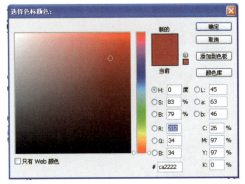
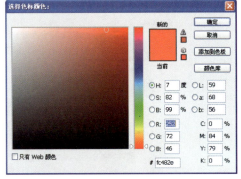

图 9-104　气泡图层渐变图层样式设置

[12] 给气泡图层添加斜面和浮雕图层样式，设置如图 9-105 所示。

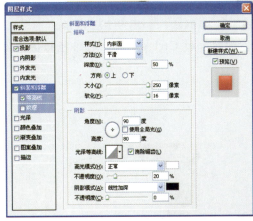
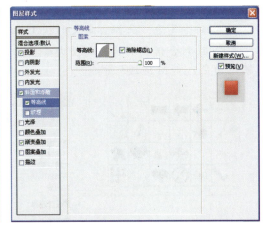

图 9-105　气泡图层斜面和浮雕图层样式设置

[13] 给气泡图层添加投影图层样式，设置如图 9-106 所示。

[14] 在气泡上输入文字，设置如图 9-107 所示。

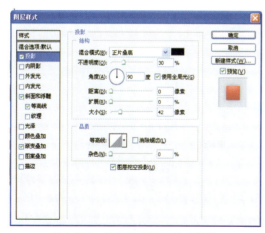

图 9-106　气泡投影图层样式设置

图 9-107　文字排版

15　视觉特效区全部完成，效果如图 9-108 所示。

图 9-108　视觉特效区最终效果

5．内容区设计与制作

1　内容区 1 制作方法，用文字工具将小标题输入进去，具体设置如图 9-109 所示。

马苏里拉美食与营养

图 9-109　内容区文字排版

2 用文字工具将 more 输入进去，具体设置如图 9-110 所示，选择形状工具中的三角形，填充黑色。

图 9-110　内容区文字排版

3 制作黄色按钮，用圆角矩形工具，圆角半径设置为 10px，颜色设置如图 9-111 所示。

图 9-111　按钮设置

4 用文字工具输入按钮上的文字，设置如图 9-112 所示。

图 9-112　按钮文字排版

5 内容区 2 制作方法，用文字工具将小标题输入进去，具体设置如图 9-113 所示。

图 9-113　内容区文字排版

6　用文字工具将 more 输入进去，具体设置如图 9-114，选择形状工具中的三角形，填充黑色。

图 9-114　内容区文字排版

7　用文字工具输入设置如图 9-115 所示，将蛋糕素材在 AI 中打开并拖拽到 Photoshop 中，调整大小和位置，如图 9-115 所示。

图 9-115　调整蛋糕素材位置及大小

8　内容区 3 制作方法，用文字工具将小标题输入进去，具体设置如图 9-116 所示。

图 9-116　内容区文字排版

9　用文字工具将 more 输入进去，具体设置如图 9-117 所示，选择形状工具中的三角形，填充黑色。

马苏里拉优惠券下载　　　　　　　　　　MORE ▶

图 9-117　内容区文字排版

[10] 用矩形选框工具画出矩形选区，填充颜色如图 9-118 所示，再用矩形选框工具画小选区，填充白色，效果如图 9-118 所示。

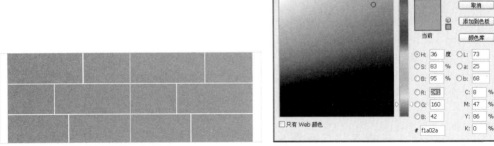

图 9-118　填充后效果

[11] 将美食素材依次在 Illustrator 中打开并调入 Photoshop 中，调整位置和大小，如图 9-119 所示。

图 9-119　调整美食素材位置及大小

6.　版权区设计与制作

[1] 制作版权区边框，用圆角矩形工具，圆角半径设置为 30px，按组合键 Ctrl + Enter 将路径转换为选区填充白色，选择菜单栏"编辑／描边"给选区描边，设置如图 9-120 所示。

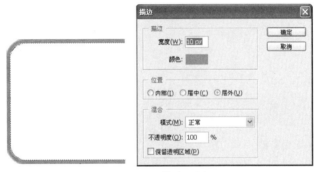

图 9-120　描边设置

2 将文字依次输入，设置如图 9-121 所示。

图 9-121 文字排版

3 美食网页界面设计全部完成，效果如图 9-122 所示。

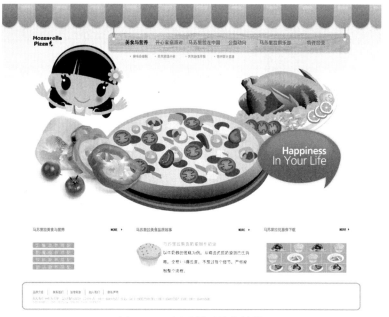

图 9-122 网页界面最终效果

实训要点

Photoshop 中，标尺和参考线的运用；

Photoshop 中，图像调整的灵活运用；

Photoshop 中，图层样式的灵活运用；

Photoshop 中，图层混合模式的运用；

Illustrator 文件导入 Photoshop 的方法。

9.5 网页设计项目拓展练习

图 9-123 网页设计项目拓展练习

工具提示：钢笔工具、图像调整、文字工具。

制作提示：首先将风景和花素材文件打开，进行色相／饱和度图像调整，然后用钢笔工具将网页中的元素制作好，最后进行文字排版。